U0007228

4

文具手帖

手帳好麻吉「日付」×經典文具愛用品

✷人氣日付插畫設計陣容

每一天的手帳日記——漢克

Atelierreves——connie au

森林塗鴉本——庫巴

belleshieh——貝兒

野人

Contents

Part 01 手帳好麻吉「日付」

（美圖創作祕訣、直用拼貼技巧應用術！）

Part 02 經典文具愛用品

Part 03 文具迷必須注目

Part 01

手帳好麻吉「日付」

美圖創作祕訣、直用拼貼技巧應用術！

日付是什麼？

「日付」就是日文的「日付シート」，中文「日期」的意思。原來只在日本流行，是手帳愛好者裝飾手帳內容的好幫手。後來漸漸流行到亞洲地區，在華人圈大家都稱之為「日付」。

loafers
red leaves
train tickets
S'mores
silk scarf
taxi
beanie
Suede boots
striped tee
Suitcase
pine cone
blush
Camera
METRO
nail polish
sunglasses
hot coffee
handbag

1 loafers
2 red leaves
3 train tickets
S'mores 4
5 silk scarf
6 ginkgo leaf
chestnut 7
lipsticks 8
9 taxi
10 beanie
11 Suede boots
pine cone 12
13 blush
14 chocolate
candied apple 15
striped tee
17 suitcase
18 camera
19 METRO
20 sunglasses
21 persimmons
22 pumpkin pie
passport
PASSPORT
nail polish 24
hot coffee 25
26 handbag
27 felt hat
28 knitting
29 portobello
hot tea 30
31 perfume
Autumn Holidays
ig @ conniegg316 fb @ atelierreves

秋天就想出去玩日付

很高興再次獲得文具手帖的邀請，可以參與日付設計和手帳示範。2016 年 12 月我第一次發表了日付作品，一連畫了 10 個月之後就暫時休息了。所以這次再畫，真的有點懷念感覺。接下來將會不藏私地分享創作流程和應用技巧，希望大家會喜歡！

About connie au

居英香港人，純自學水彩畫家。現在全職自由工作，為英國雜誌畫插畫、菜單設計、客製卡片 / 畫像，售賣教材畫作。另外也是瘋狂手作愛好者，編織、縫紉、十字繡等等全都喜歡。

Instagram:@conniegg316
Facebook:@atelierreves
Pinkoi:atelierreves

日付的產出過程

Step 1：主題設定

主題就像是一把傘，要同時考慮可以放什麼進去（要想 31 個共通題材其實也不容易啊）。這次的靈感來自秋季去旅行會準備的，看到的，會吃會玩的東西。首先有行李箱、護照那些重要物件。然後是妝扮類別，不知道大家會不會這樣子，每次旅行前已開始在買衣服飾物甚至手提包，就為了拍美美的照片，當然旅行途中也是繼續買（笑）。還有少不了的瘋狂買美妝產品，好像不買就不知何時才有機會的樣子（誤…）。之後當季食材或用其製作的點心，還有交通工具等等。

Step 2：圖片搜集

通常就是上 google 找參考圖片。

Step 3：起稿

由於為了省卻用電腦排列插圖的步驟，我會把 A4 分成 35 個正方形，完成後一素描就完成了。另外我覺得如果畫好再縮圖，會沒有直接畫小圖那麼可愛。

Step 4：水彩上色

這是最花時間的步驟，為了仔細的畫微小部分，很多時候都是用最細的畫筆。印象中 8 號的唇膏畫了一個小時啊！由於工作時間長，畫的時候我都放了一張面紙在手掌下，以免弄髒畫紙。

Step 5：掃描

一般家用掃描機掃的圖像素都應該夠，如果家裡沒有也可以去圖書館喔！

Step 6：列印和裁剪

自己列印的話可以選用白紙、描圖紙或是貼紙。之後的示範我是用了霧面透明貼紙。之前買了一把專用剪刀，不會使刀刃黏黏的，十分推薦！

完成！

日付可以這樣玩

手帳本這次選用大家都很熟識的 TRAVELER'S notebook （002 號方格）。這是一個幻想出來的遊記，當中使用了之前旅行收藏的票據和一直收集的紙膠帶和印章。為了盡量展示這次的日付，我都當成貼紙來用。還有這次基本上沒有在手帳畫畫，除了一些簡單的小圖，盡量只是拼貼，希望有參考作用吧！

手帳裝飾工具

紙膠帶、印章和以上的筆和墨水。我只選擇了幾種有秋天感覺的顏色，如果顏色太多會有很雜亂的感覺。

預備頁

通常出發前我都會預備這樣的一頁，提醒自己要帶什麼，做什麼，看看起飛時間、天氣預報等等。

Tips

小祕訣 1： 使用小卡紙特別的資訊另外貼上，就像便利貼一般，除了容易閱讀，也會使手帳更立體。

Tips

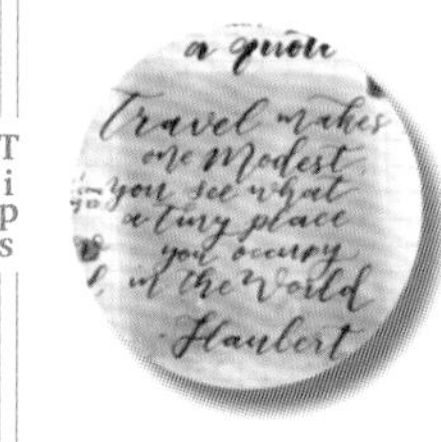

小祕訣 2： 加入名言
有時候面頁面的空白位置不知道怎樣處理，抄寫一下相關題材的名言可以提升美感。

行程開始，可以介紹一下住的酒店，留下房卡的紙套來裝飾手帳。幻想自己去看紅葉，畫了顏色表，好讓手帳色彩豐富一點。

Tips

小祕訣 3：
用紙膠帶做相片角貼
我畫了一相像寶麗來的小圖片，然後用幾何圖形的紙膠帶，剪成直角三角形做相角。就算後面貼了膠水也可以這樣裝飾啊！

Tips

小祕訣 4： 標題底色
寫標題是加上一點水彩底色會很可愛。有時我還會把水彩用力吹開，效果很有趣。

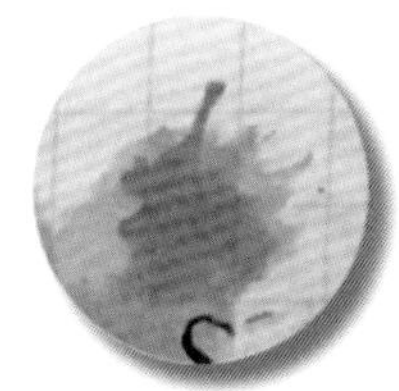

Tips

小祕訣 5： 字體大小

不知道算不算祕訣，我總覺得字體較小和密集會比較好看。可能可以留下多點空間去貼東西吧！

Tips

小祕訣 6： 重疊交錯

貼這張車票前，我在一角上了顏色，最後加了相角。其實左頁的紙膠帶也是部分被蓋掉，這樣子可以把頁面連貫起來。

Tips

小祕訣 7： 製作水彩卡片

我使用了 distress stain，但水彩也是一樣的。不規則的塗上，也可以帶一點點留白喔。

Tips

小祕訣 8：收集各種物資

車票，卡片，入場券，甚至是砂糖包裝，都可以用來裝飾手帳啊！

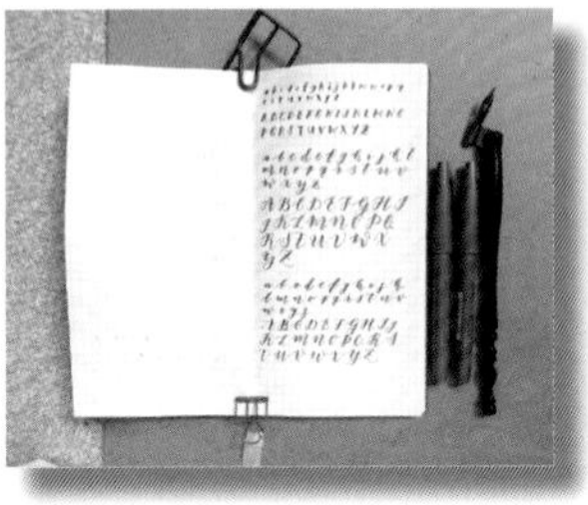

Tips

小祕訣 9： 善用字體

標題的不同層次用不同的字體表現，使整體畫面更豐富多變。這裡我示範了手帳中的 3 種。

Tips

小祕訣 10： 臨摹畫作

帶有一點笨拙感的臨摹都會很可愛。

現代藝術應該是最容易畫的對象。

數字拼貼日付

其實日付現在也是 OURS 的日常工作了！每個月一次的日付貼紙刺激了我們無數靈感（也逼我們榨乾腦汁……），從鬼點子、喜愛的事物、自己畫過的主題裡重新組合發想，都是日付創作過程裡好玩的部分！

這次的日付選擇了和以前截然不同的設計方式來進行，我首先想到了小時候最喜歡的繪本：《好餓的毛毛蟲》，據我老媽所說，這本繪本我逼她念了無數次給我聽……。繪本裡顏色鮮明的筆觸和拼貼手法，在現今看起來還是毫不遜色。

所以在這次的日付設計上，我用了厚厚的不透明水彩和剪貼報章雜誌的數字來呈現不一樣的質地，也從以往的電腦掃描，改用拍照的方式來保留紙張和顏料的細節。

這次的日付不論是用在手帳拼貼、禮物包裝的裝飾上都有著一種有趣的頹廢感，希望你們會喜歡！（笑）

About 漢克

小畫家，男生，最喜歡的是花草、甜食和畫畫。
從手帳開始了自己的畫畫生活，
因為喜歡畫圖所以努力，因為努力所以更喜歡畫畫，
還在認真學習中！

著有《漢克，我想和你學畫畫》一書，
目前是 OURS 工作室的小畫家！

Instagram:@hanksdiary
Facebook: 每一天的手帳日記

日付可以這樣玩

製作雙層效果

雖然設計的時候已經用拍照的方式留下了陰影層次，但是製作真正的雙層效果時，不管是包裝禮物當標籤，或是拼貼都很好用，步驟也很～簡單，快一起來看看吧！

HOW TO MAKE

Step 1

首先需要印下兩張同樣的日付，然後剪下要用的日期。

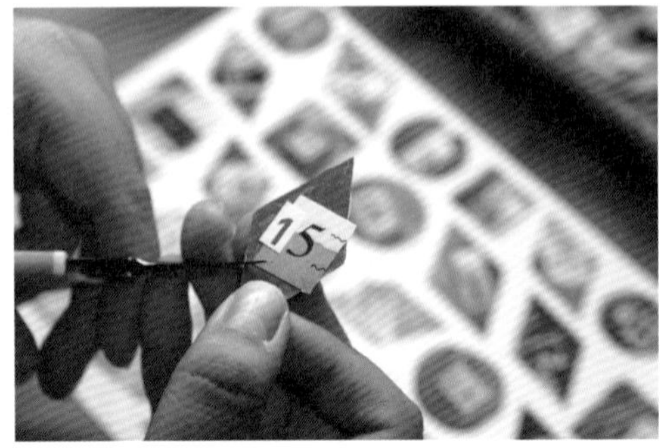

Step 2 主題設定

因為要兩層拼貼，稍微觀察一下後，剪下上層的凸起部分。

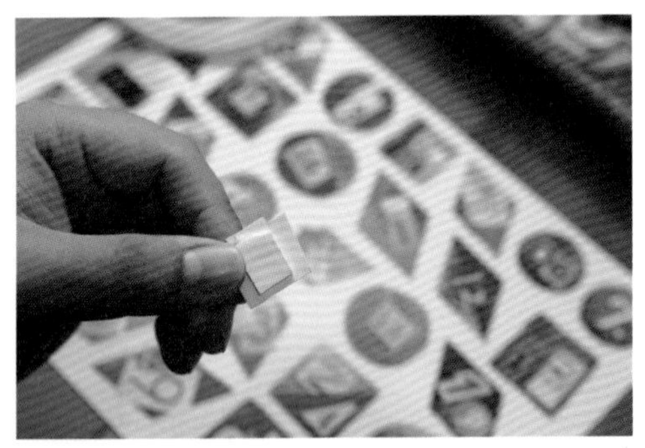

Step 3~4

用泡綿膠貼好背面，貼在同樣位置上就完成啦！

Step 5

完成的紙片就可以貼在禮物包裝、手帳卡片上了！剪下來的部分也別丟掉，拼貼時也可以一起使用的！

製作額外的上色小紙片

這種拼貼的感覺其實一點都不難，只要使用不透明水彩和剪刀，就可以自己畫一些小紙片來搭配現有的日付拼貼囉！

HOW TO MAKE

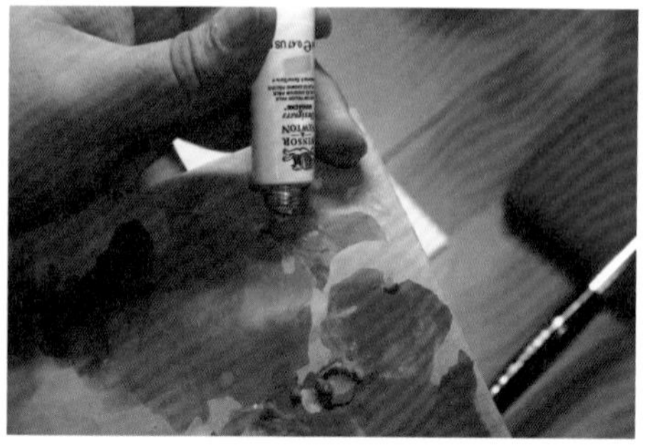

Step 1

我通常直接擠新鮮顏料來繪製這種厚厚的顏料感，直接擠少許顏料調少少少的水分在調色盤上就好。

Step 2~3

直接以筆頭沾取顏料，因為不兑水的關係，沾多一點會比較容易上色。另外也可以混一些相近色來增加層次，最後會很好看。

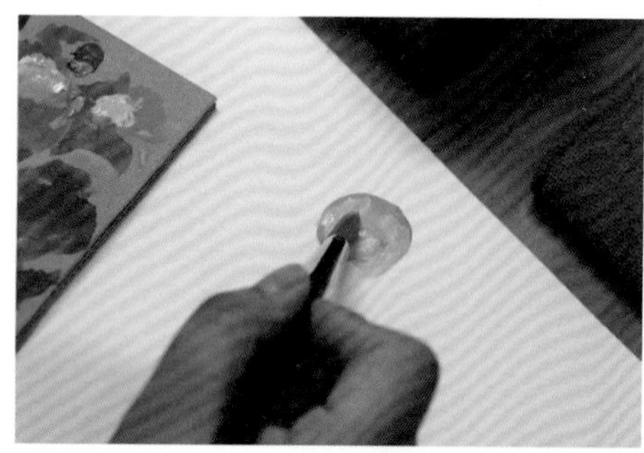

Step 4

厚厚的塗上顏色，乾得很快也不要緊張，回頭多沾一些顏料。

Step 5~6

可以逐漸多混些更深的顏色增加層次，這時候不透明水彩的厚重感會慢慢的出現。

Step 7~8

你也可以用些不同的紙張和不同的顏料濃度來搭配，最後這些都會是好用的素材。

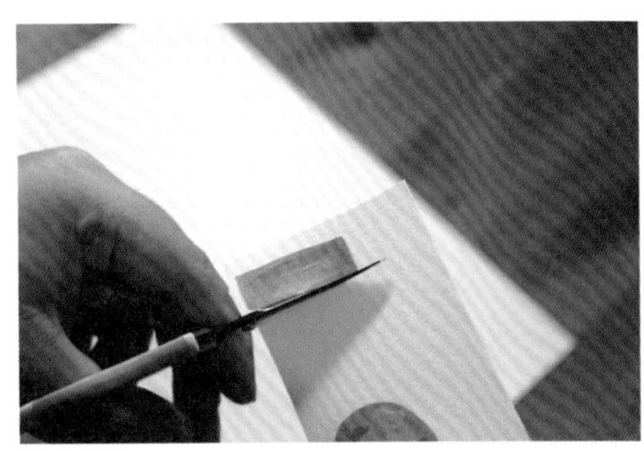

Step 9~10

剪下來沒什麼特別的訣竅，不過往內剪一點點不漏白會更好看。

Step 11

最後就可以開心玩啦！自己製作的小紙片，搭配上日付、剪貼層次剩餘的素材來使用都很素喜，多多嘗試些撞色和對比色的搭配吧！

「動物男子＆動物女子」日付

加入畫日付的設計行列之後，大部分的主題都圍繞在花草居多，很少有讓動物們出場的機會，所以就決定在這次的特刊上重新邀請他們，而且要帥帥美美地登場……

雖然是這樣想，但對於平常出門穿著都很隨興的自己來說，要怎麼帥帥美美不做功課實在是不行啊！從服飾雜誌到網路上的穿搭分享，經過幾個禮拜在資料中打滾的日子後，總算是完成了這系列「動物男子＆動物女子」，除了讓動物們套上自己喜歡的穿搭風格外，也選了幾個單品作為日付的元素，算是自己很難得比較「流行」的設計。

About 庫巴

誤打誤撞走上插畫路的大男孩，動物系水彩插畫為出發，近期也嘗試許多不同媒材與風格的創作，目標是用自己的插畫蓋一座充滿故事的小鎮！

Instagram:bearkoopa
Facebook: 森林塗鴉本

日付可以這樣玩

在拼貼的時候我會把素材分為三個部分，分別是打底、主角及裝飾。

打底常用的素材包含紙膠帶、舊書、牛皮紙、包裝紙等等，基本上打底對風格的呈現影響最大，我會從拼貼的主題還有色調出發作挑選；主角，也就是我們拼貼時的視覺重點，這個位置任何物品或角色都有可能擔當，而以這次示範為例當然就是動物男子們及女子們啦；最後的裝飾我個人偏愛的文字、標籤及邊框，原因就是它們非常的百搭，幾乎所有的風格都能漂亮的融入其中。

拼貼示範 1：復古風票券

HOW TO MAKE

Step 1

先挑選一張大張的票券，這時候就可以用紙膠帶稍作裝飾。

Step 2

第二張票券選了比較小的尺寸，顏色選擇淡色讓它稍為從另一張票券跳出來。票券搭配上深色的小段紙膠帶能表現出像是浮貼的感覺，提升拚貼呈現的手感。

Step 3

因為票券本身就已有足夠的分量，所以不會加上太多的裝飾，所以這邊簡單地以草寫文字裝後，把我們主角放上去就完成囉！

類似的作法範例

視畫面安排，配上簡單的印章以及邊框也能讓整體更豐富。

拼貼示範 2：復古風郵票

HOW TO MAKE

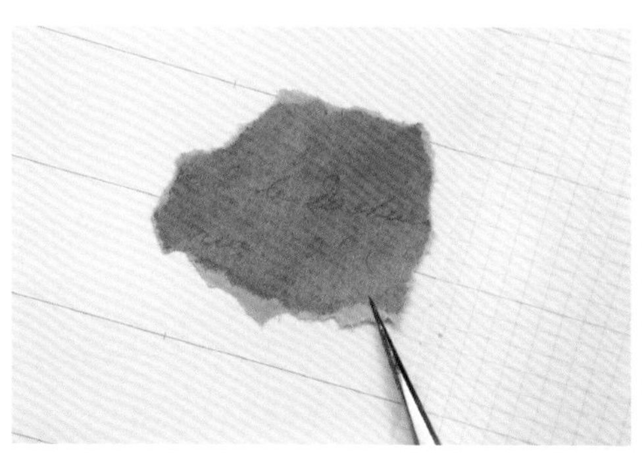

Step 1

用深色的造型牛皮紙打底，手撕牛皮紙時可以轉動用不同的角度來撕，來製造紙邊樣貌的變化。

Step 2

左邊用先用郵票貼紙配上郵戳轉印貼紙打上第二層底。

Step 3

安排好主角的位置後，貼上蕨葉以及紙膠帶作為裝飾。

Step 4

最後再貼上主角！日付的數字可以剪下來重新安排位置，無論是主角的前或後都可以嘗試看看，讓畫面更有變化。

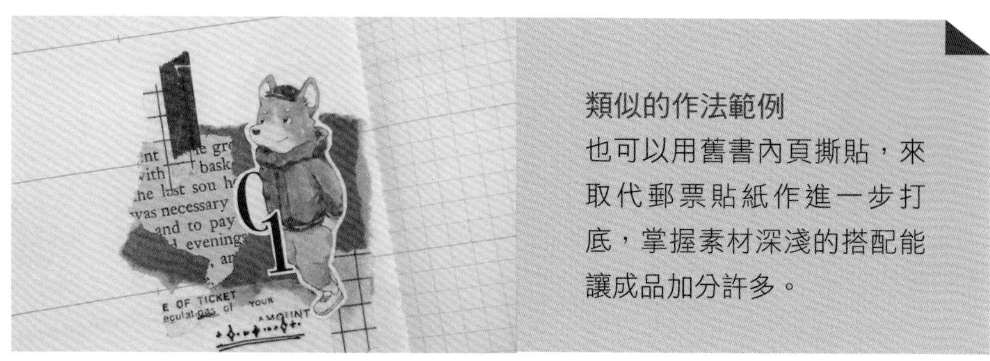

類似的作法範例
也可以用舊書內頁撕貼，來取代郵票貼紙作進一步打底，掌握素材深淺的搭配能讓成品加分許多。

拼貼示範 3：繽紛色彩

HOW TO MAKE

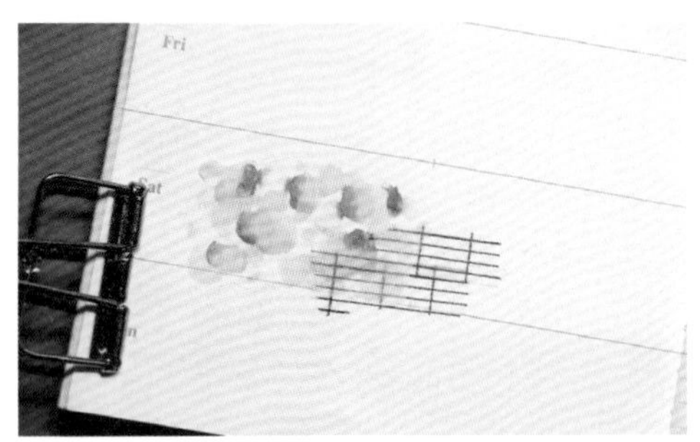

Step 1

這次跟前兩個示範不同不再是沉穩的復古風，而是用上了更繽紛鮮豔的色彩。選用綠與黃為主調，貼上底色及方格的基底搭配。

Step 2

接著用文字 / 草寫字的紙膠帶作進一步裝飾。

Step 3

安排好主角大概的位置後，先在主角身後貼上一個標籤。

Step 4

主角登場！在正式貼上去之前，可以再調整一下素材彼此交疊的位置

Step 5

在標籤的位置貼上草寫文字轉印貼紙，文字可以稍為有些部分蓋過主角，會有一點雜誌排版的感覺。

Step 6

最後用一些色塊及幾何形狀作修飾，完成！

類似的作法範例

以包裝紙打底，同樣搭配標籤加上草寫文字，不同的選色下呈現的整體效果也有微妙不同喔，大家都可以盡量嘗試。

color
Smell Good
10%
10%
10%
20%
50%

Side Story

番外篇

他們這樣寫手帳

落入手帳坑

從小到大一直都維持著紀錄的習慣。

但是真正專注寫本本，開始和自己大量對話是 2013 年冬天，那年冬天朋友送我一本 UNIQLO 的贈品手帳，這年的手帳跟我以前慣用的形式略有不同，那是左半是一週七天右半是格紋空白頁，在這之前使用跨頁型月記事本，其實沒什麼可以寫很多的空間，換了新形式，一開始其實也寫得很零碎，有時也不知道要寫些什麼，只知道「即使是隻字片語，每天都記錄下來就對了」。然後就愈寫真的會愈起勁，每天就是有股欲望想把頁面填滿滿，從這年開始正式落入手帳坑。

入坑才知道，原來手帳有這麼多格式，找到自己喜歡、適合的格式對持續記錄非常有幫助，然後也開始每年為自己挑選手帳的神聖儀式。

這件事讓我再次發現，興趣、習慣常常是培養來的，真的不一定是你自己本來就知道你喜歡這件事才去做的，很多時候是因為去做了才喜歡。而我永遠不會知道下一個吸引我的興趣是什麼！

2013 ～ 2017 年的本本。

關於 Belle Shieh

一個現職平面設計師的上班族，
畫畫就是我的特殊濾鏡，
帶我遊玩世界遊樂場。

Instagram:belleshieh

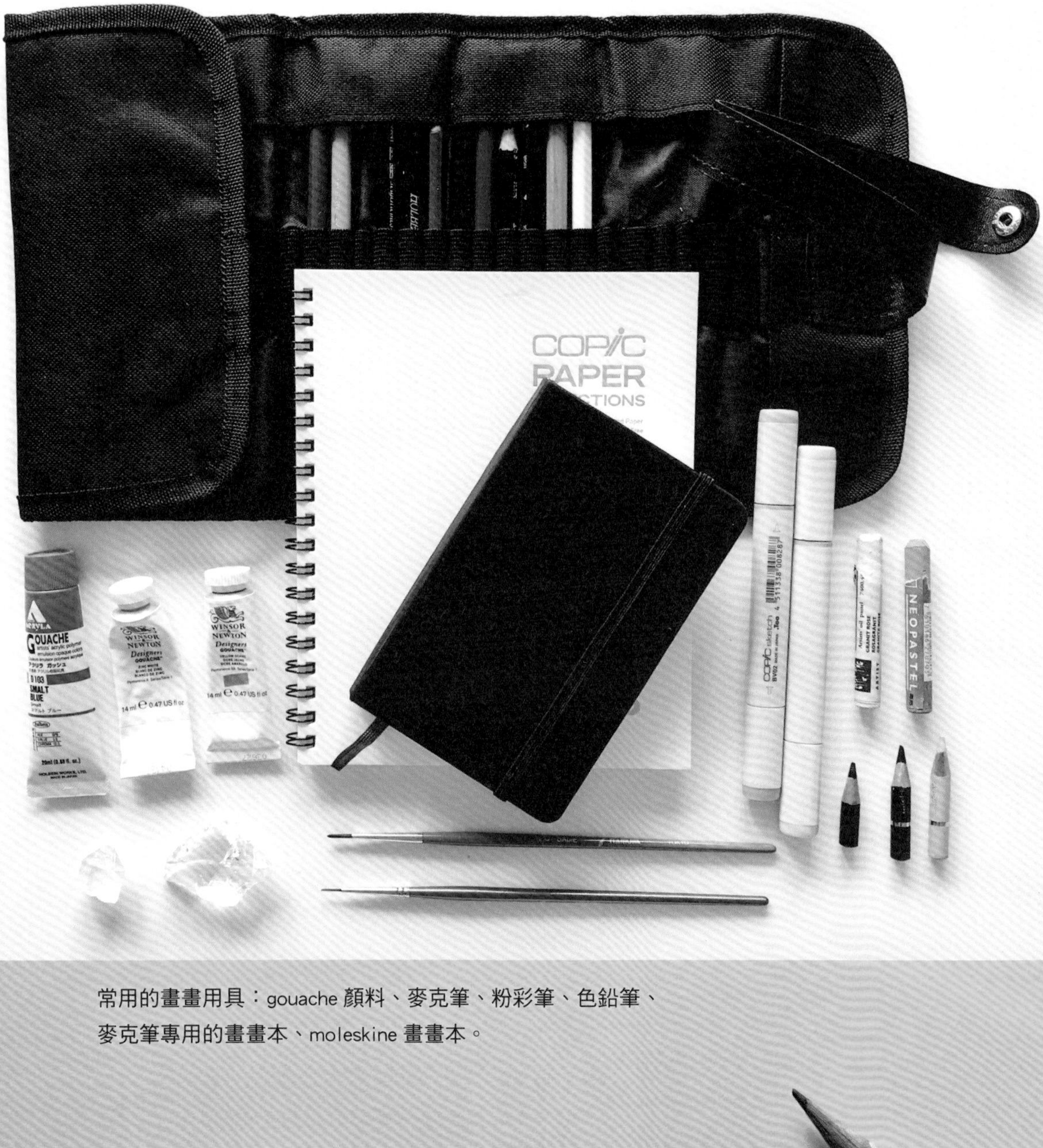

常用的畫畫用具：gouache 顏料、麥克筆、粉彩筆、色鉛筆、
麥克筆專用的畫畫本、moleskine 畫畫本。

2013 ～ 2017 年的本本，由左至右
為 uniqlo 贈 品、Traveler's note、
無印良品、燈塔、moleskine。

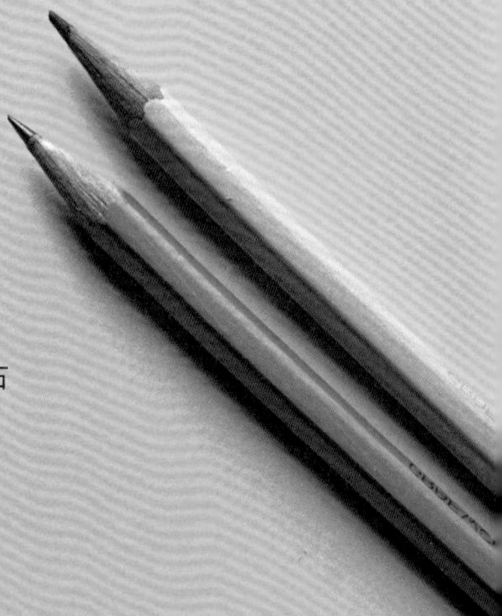

手帳紀錄像一場流動的風景

寫本本對我來說是紀錄生活的其中一種方式，當然其他還有很多很多形式，像是畫畫、照片、聲音、音樂、拼貼、彩繪、蒐集，甚至像 instagram、Evernote 上的紀錄，任何一種你想得到能用形式表現思考方式對我來說都是紀錄，所以我一般不太會限制自己紀錄的方式，只取決於當下想用什麼方式呈現。今天可能對下雨聲很有共鳴我就選擇用錄音錄下雨聲；遇到很久沒見的朋友我會記得帶拍立得；聽到一首好喜歡好喜歡的歌我就用烏克麗麗學起來彈奏，每當聽到那首歌就會想起那時候的回憶；繁忙的工作日程用雲端筆記記下想法，報告過程也是，當我翻看以前的紀錄，會發現不同階段其實會有不同的表現方式，紀錄這件事就像一條河流，隨著我的人生流動，不同時期有不同風景。

喜歡用的黑色油性色鉛筆，常拿來畫速寫、寫字。

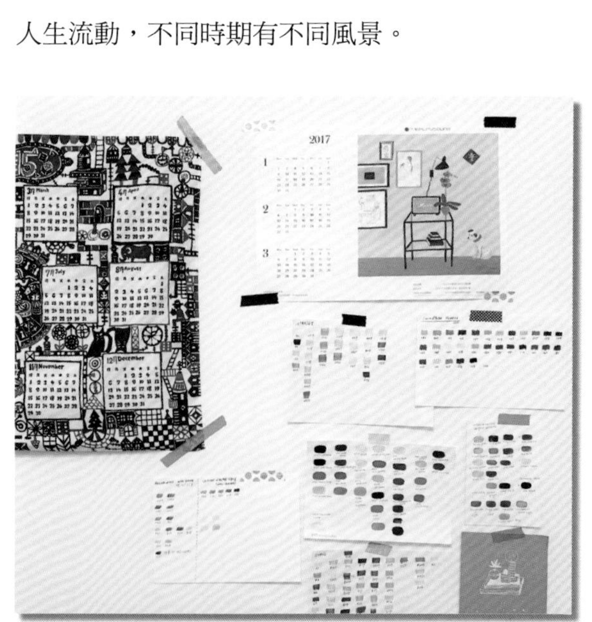

把有的顏色做成色票貼在牆上，貼在牆上，一抬起頭來就能對照應用。

Viva La Vida

活在當下

創作成為生活中的轉換器，畫畫讓我每天思考不同的組合，陽光每天照在路面上的顏色、風的溫度、觀察動物的毛流、植物的脈絡、每個東西的影子、路人的小動作、同事臉上的微表情、街上的小動物、今天路面掉了幾根羽毛、落葉是什麼顏色；每件事都有讓我想轉換成畫面的欲望，唯一煩惱的就是時間逼我選擇，在這個時間裡，我只能選擇一種呈現畫面。

設計思考是這樣，生活好像也是這樣，我們總是知道有很多選擇，又想貪心想都選擇，但是時空只能讓我們挑一個。創作讓我學到，此刻就只為這件事專心著「活在當下」。

幾個我蒐集素材的靈感工具

- 日常生活的吉光片羽
- 靈感剪貼簿 pinterest
- instagram
- 多觀察其他創作者的優點（照片、書籍雜誌、手作……等）。

捕捉每個生活中的吉光片羽，收藏晚霞配色。

風吹過沙灘的流動線條下次拿來畫手帳的分隔線吧！

晚飯後的散步時光，發現美麗的樹葉剪影。

用畫畫紀錄看影集的小片段。

別讓靈感來源困住你

就從每日的生活小物件、小觀察開始吧！今天早餐吃的三明治、溫紅茶搭配的書本和一起用餐的朋友，都能成為你隨手可得的素材，生活是流動的，每天每天都有新的體驗新的感覺，只要認真生活，專注當下，就永遠有畫不完的題材。

把夢也畫下來吧！

先找到符合自己習性的方式

每個人適合的畫畫方式可能都很不一樣，就先從觀察自己的個性開始吧！

像我就有點懶，雖然很喜歡畫，但不是每次都有耐心去 set 好畫畫的用具，也很懶得用要一直清洗的畫材，所以我一開始選擇了一打開畫筆就能畫的麥克筆，還有我喜歡它在紙上沒有筆觸的平面感。

接著當你愈投入就會發現有愈來愈多想嘗試的畫材，色鉛筆、水彩、不透明水彩、壓克力顏料、粉彩筆、蠟筆、沾水筆、墨水、拼貼，每種畫材都有不同特性，能創造出來的效果，都得等你自己嘗試之後，才會發現他們各自的特色和運用之間的互動。我想就是這些過程令人興奮吧！自由揮灑的創作，沒有人限制一定要怎樣或是怎麼做才是對的，此刻心裡沒有任何批判，所有的素材都包含著無限可能，過程真的很開心，雖然很容易不小心買買買超支很多（笑）

特別喜歡把植物一起畫進畫面，我喜歡他們生氣勃勃的樣子。

這周突然想畫些抽象幻想的花兒。

去看了愛因斯坦特展，心情很澎湃，趕快把他們記錄下來。

世界地球日畫一張畫，這是給我們地球媽媽的信。

畫畫生活周誌，每周一篇的畫畫頻率很符合自己現在的生活步調。

把旅行中的男友照片也畫下來，好像回憶也可以透過畫面穿越。

藍色是最溫暖的顏色。

把遇到的燕子一家人畫下來。

偷吃步的快速風格養成法

不管在哪個領域「一致性」常常就是風格的基準，如何有一致性呢？顏色就是最直接明確的方式，而要快速地達到這個效果就是「限制自己的用色數量」。

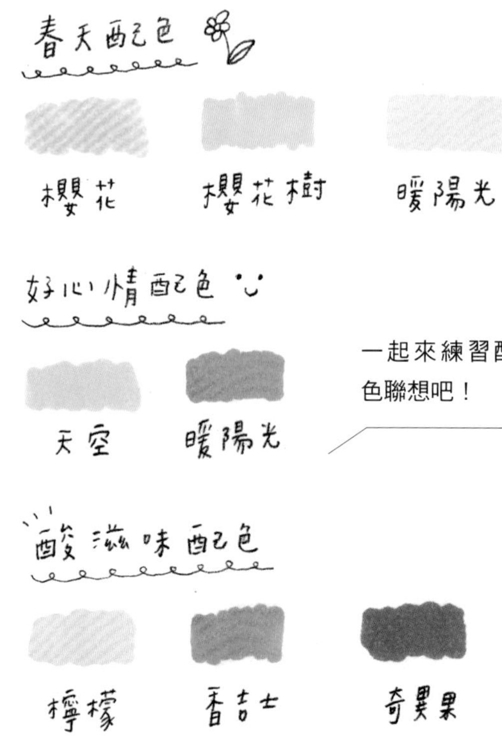

練習用色

我會先從一種顏色畫開始練習起，從中觀察事物的形狀；畫面的明暗、對比，其實很像素描但又刻意捨棄光影透視的法則，也捨棄一些細節或是創造一種錯覺，一切都為了感覺而創作，真的很喜歡這樣的遊玩。然後接著練習兩種顏色的配色，例如選擇一個喜歡但是不會太深的顏色配一枝黑筆就可以開始溜，快拿張紙跟筆出來吧！等更加熟練時就可以慢慢進階多增加一些顏色的搭配。

配色遊戲

我自己常用的幾種配色方式：

- 春夏秋冬配色法
- 情緒配色法（喜怒哀樂）
- 酸甜苦辣配色法
- 照片選色法

（以上是我歸納自己配色時會有的思考方式，命名都是我亂取的，如有雷同純屬巧合，哈哈）

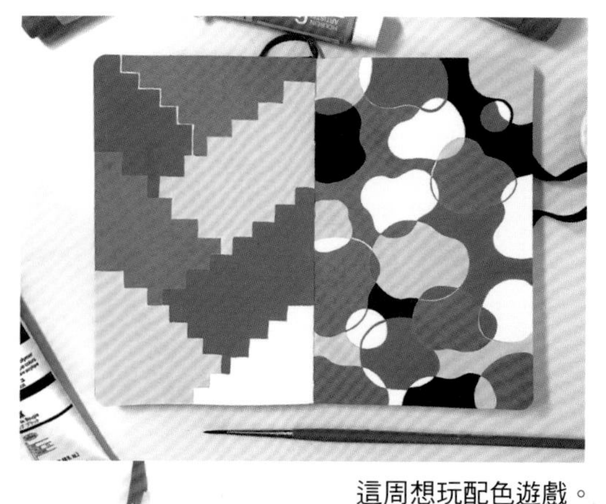

這周想玩配色遊戲。

春夏秋冬

我會想想春天會有什麼物件呢？櫻花（粉紅色）、櫻花樹（綠色）、很多花（粉嫩色系）、溫暖的陽光（黃色）。由這個聯想練習春天我可能就會挑出粉紅色、翠綠色和黃色這三個顏色為主要的顏色。

情緒配色

跟春夏秋冬一樣都是用聯想的方式但是這次多增加了一些感覺的元素。例如：今天看到很明亮的天空感覺很開心（天空藍）、曬著太陽覺得暖暖的（橘色），這裡我就配了天空藍跟橘色。

酸甜苦辣

如果你前面跟著練習幾次，我想你已經開始可以抓到感覺了，我們來想想「酸」，我想到檸檬（黃色）、香吉士（橘色）、想到奇異果（綠色），檸檬黃＋奇異果綠。祕訣就是先想想這個主題有什麼物件，然後再想著些物件由什麼顏色組成，從中挑選有限制的少色配色。上述這些聯想先牛刀小試一下，還有好多好多種想像方式就等著你去發現。

照片選色法

挑一張喜歡的照片，然後選 2 ～ 3 個畫面中的顏色來配色。

感覺，去感覺吧！

寫實的畫需要敏銳的觀察，注入風格的畫，除了觀察之外，還需要一些觀點；你的感覺，可能就是一種別人沒發現但是同樣有感覺的觀點。

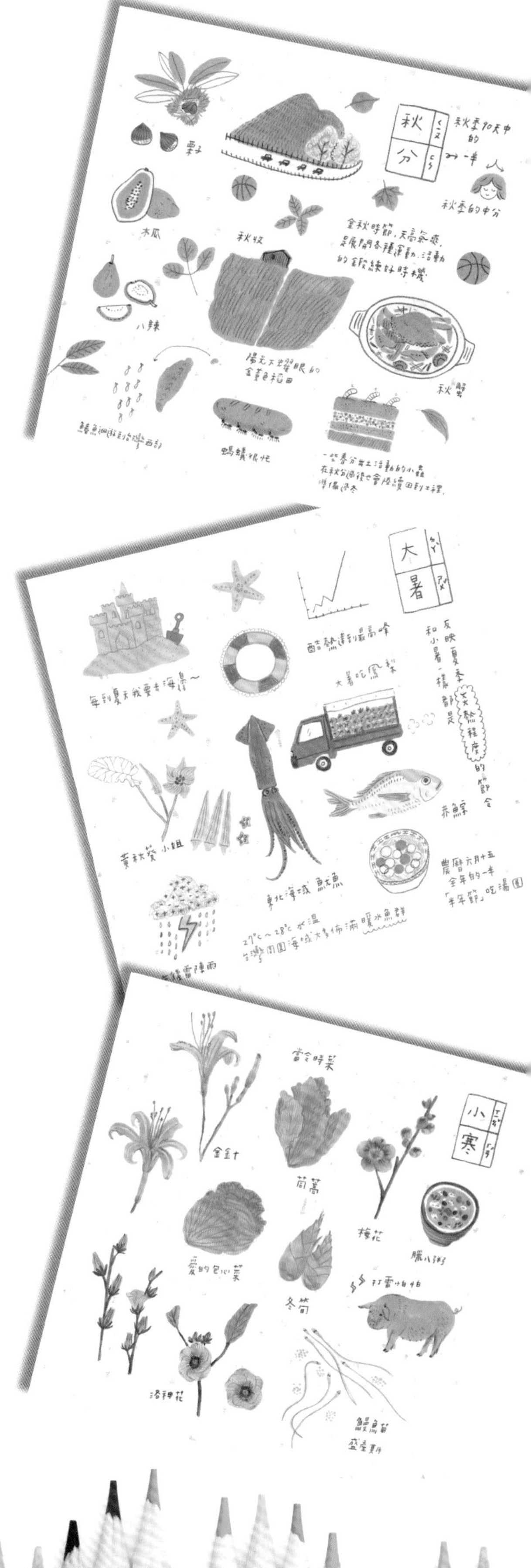

MINI 六孔尺寸，黑橘包裝設計，設計感極佳，補充內頁皆為單本設計，可以獨立書寫，也可以撕下併入手帳本，每個細節都呼應品牌概念，讓人愛不釋手。

PLOTTER

活頁式手帳內頁新品牌

我對手帳本非常熱愛，各種形式都嘗試過，唯有活頁式手帳本，總是停留在買了外皮，沒有內頁的窘境。日本曾經非常流行 MINI 六孔的手帳本，內頁選擇也多元，但是總是有種太過商務，少了一點個人風格，雖然有 MIDORI 的 OJISAN 一直堅持崗位，但遲遲沒有讓我滿意的內頁品牌。今年本來已經購入精品 L 牌的官方手帳內頁，卻讓我大失所望，雖然貴為精品，但實在太不精緻，就轉送給友人，以致於遲遲沒能把 L 牌的手帳本拿出來用，直到 PLOTTER 的出現（好像老鼠會的口吻）！

PLOTTER 是日本知名文具品牌 MIDORI 母公司 Designphil Inc. 於 2017 年推出的新手帳品牌，主打活頁型內頁，形象色是橘色和黑色，有點像是法國精品品牌的感覺，走的是知性、設計風的主軸設計。品牌 Slogan「For people with the imagination to create the future.」（給用想像力創造未來的人們），在雜誌上看到之後，就趕快上網下訂。

目前市面上活頁型手帳的內頁其實不算少，但是真正讓我覺得合用的卻很少，不是紙張太白，就是設計不夠令人驚豔，印刷不夠細膩。基本上 Designphil Inc. 推出的紙張都不會讓人失望，PLOTTER 使用專屬的「DP 用紙」（Designphil Pocketbook 用紙的簡稱）印刷製作，是專門為了手帳產品而推出的紙張，特色是輕薄不易破，適合各式筆具。

其實早在 PLOTTER 推出之前，Designphil Inc. 就有另外一個手帳品牌 knoxbrain，皮革小物選擇多，內頁風格偏商務用途，雖然品質也不錯，但就是不吸引我，不過仔細觀察還是不難發現兩個品牌的共通點，像是手帳本外皮就有一模一樣的設計，只是材質不同。但是內頁設計上，就會發現 PLOTTER 完整呈現其品牌理念，所以非常著重在企劃，專案使用的細節上。

我購入的是 MINI 六孔尺寸的週計畫和其他內頁（專案管理分隔頁，空白，線條，方格，To do list），還有配件，都呈現一種高品質的精緻感。

週記事是兩頁一週的形式，一邊是週記事，一邊是 MEMO 頁。用了很多種形式的手帳，我個人認為這一種最實用，週記事部分也有時間軸設計，但是我沒有很認真的用，在 12 點的位置有一個分隔線，成為上午和下午的行事曆，但是我的用法是前半為當日重要行程，後半則是特定時間的約會行程，如果有小孩的行程，就寫上小孩的名字標註。右邊的 MEMO 頁，則是用來微記帳或是一行日記；有在上班的人，可以左頁記工作行程，右頁記私人行程，或是當作一般筆記使用，都很方便。紙張上有非常淺的方格印刷，可以拿來當作畫圖表的基準，因為很淡，也不會妨礙書寫的內容。超級 mini 的天氣 icon 就算不做任何紀錄，也很可愛。

因為本體的設計很簡潔，所以非常適合搭配各式紙膠帶、手帳貼和色筆。超細紙膠帶非常適合 PLOTTER 內頁，雖然我不太會應用紙膠帶，但是它的內頁很適合使用 4mm 的窄幅紙膠帶，因為紙張上的方格是 2mm，所以 4mm 的窄幅可以很整齊的貼齊格線，看起來非常整齊漂亮。搭配可愛的手帳貼紙，馬上就從有氣質變成有趣味了（特別推薦九達的芝麻小事紙膠帶手帳貼，有著紙膠帶的質感，貼上後非常服貼）。

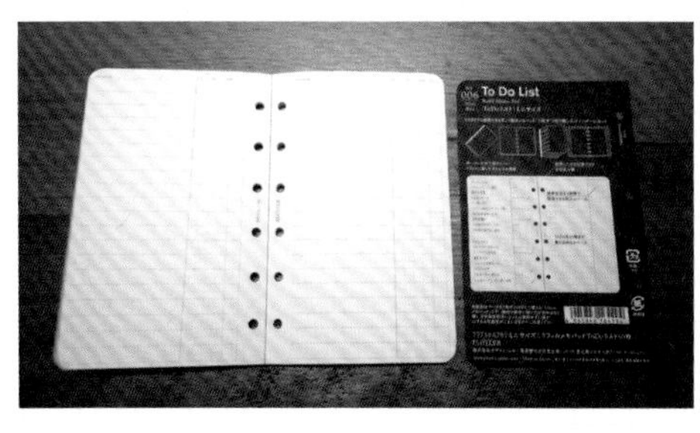

To do list。

關於 Denya

逛文具店比逛市場多，買文具比買菜頻繁，秉持著「愛文具的孩子不會變壞」的教育理念陪伴小孩長大的全職主婦。

典雅文具舖：www.denya-sw.tw

紙張雖然薄，但就算是使用 Pentel sign pen 這一類的水性筆，也不會透過去，完全沒有一般水性筆容易透紙的困擾。光是這一點就完勝很多手帳用紙張了！

除了月記事和週記事這種 Schedule 內頁是單張呈現以外，其他都是單本設計，也就是說，你可以當作筆記本撰寫，再撕下來併入手帳本，我覺得這樣的好處是，書寫的時候不會被活頁式手帳本中的鐵圈妨礙，也可以更自在的做筆記，不用擔心太邊邊寫不到，或是太用力撕破紙張。紙張的圓角設計，也讓人感到貼心；淡橘和灰色的印刷線條，清楚卻不會過度搶眼。

其中最創新的是專案管理用分冊夾，能夠把特定內容的筆記頁集中包覆起來，具有索引貼的功能，確保有更多的隱密性和整齊性，完全就是符合專案管理的功能設計，需要在外人面前打開手帳的時候，不想分享或是不能曝光的內容就不會被看到。想到這個設計的人，簡直天才啊！

其他配件，像是分隔板上也有一些藝術字體和名人座右銘的字樣，或是設計師需要知道的字體大小，角度和長度資訊，根據購入尺寸的不同，有不一樣的設計。若是購買 A5 尺寸，還有一款可以延展攤開成為 A4 尺寸的內頁，也非常實用。如果不是要隨身攜帶的，而是要當作工作筆記的人來說，A5 無庸置疑是最適合入手的尺寸。

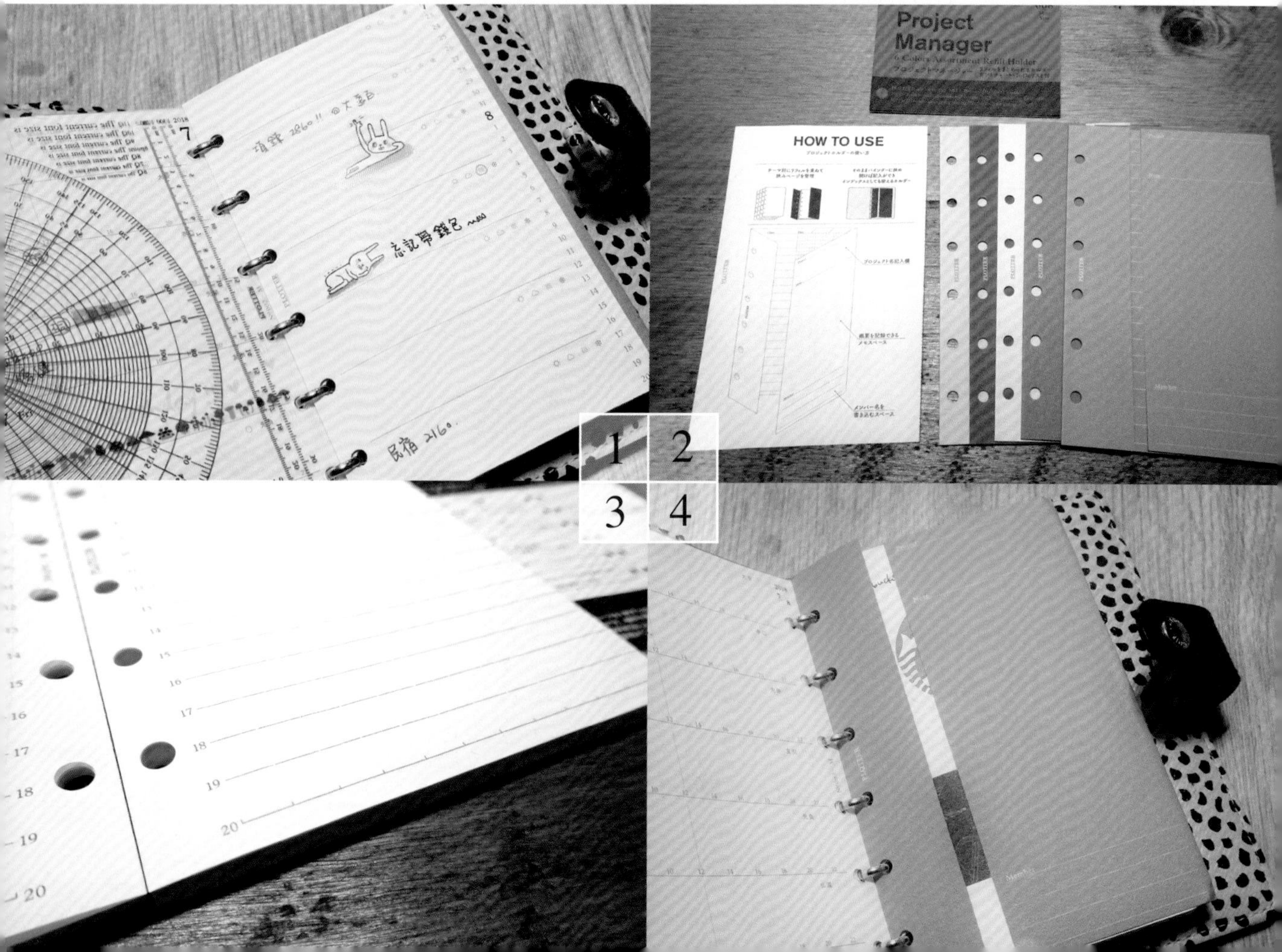

1 2
3 4

PLOTTER 每個小細節都呈現出品牌理念，非常用心。儘管質感很優，價格卻很容易入手，並不是走高單價路線，我個人認為 CP 值很高。喜歡自由度高一點的手帳使用者，PLOTTER 的設計絕對會讓人重新愛上活頁型手帳本，重回活頁式手帳本的懷抱。

1. 使用市售手帳貼紙，增加趣味性，簡單的內頁設計，反而讓使用者能夠發揮自己的創意，呈現自己的特色（圖中為九達文具的手帳貼）。
2. 專案管理冊內頁。
3. 橫線內頁。
4. 專案管理冊內頁是 PLOTTER 最特別的內頁設計，能夠將相關的筆記內頁包覆在一個分冊檔案夾中，也不容易被看到內容，有高度的隱密性。
5. 4mm 窄幅紙膠帶。
6. 運用 4mm 窄幅紙膠帶，可以輕易對齊 2mm 的方格印刷底線；Sign pen 標記旅遊計畫，筆跡不會透紙。
7. 分隔板上有不同的字體，英文書法寫法參考，不同尺寸的分隔板上有不同的設計，極具巧思，強調品牌就是設計給創意者使用的理念。
8. 我的手帳周邊配件，不太會畫圖的我，只好用貼紙來補足可愛的感覺，KITTA 紙膠帶很適合臨時要黏貼東西或是小 MEMO，3M 和大創的便利貼都是容易取得的補充小物。

Part 2

經典文具愛用品

文具品項及品牌多不勝數，

哪些是使用者的心頭好、不能沒有甚至想使用一輩子的品項？

就讓文具愛好者分享他們喜愛的理由，使用的方式。

喜愛文具從此不再只是盲從。

就是愛分享陣容

Patrick的文具愛用品

靈感的來源與支柱

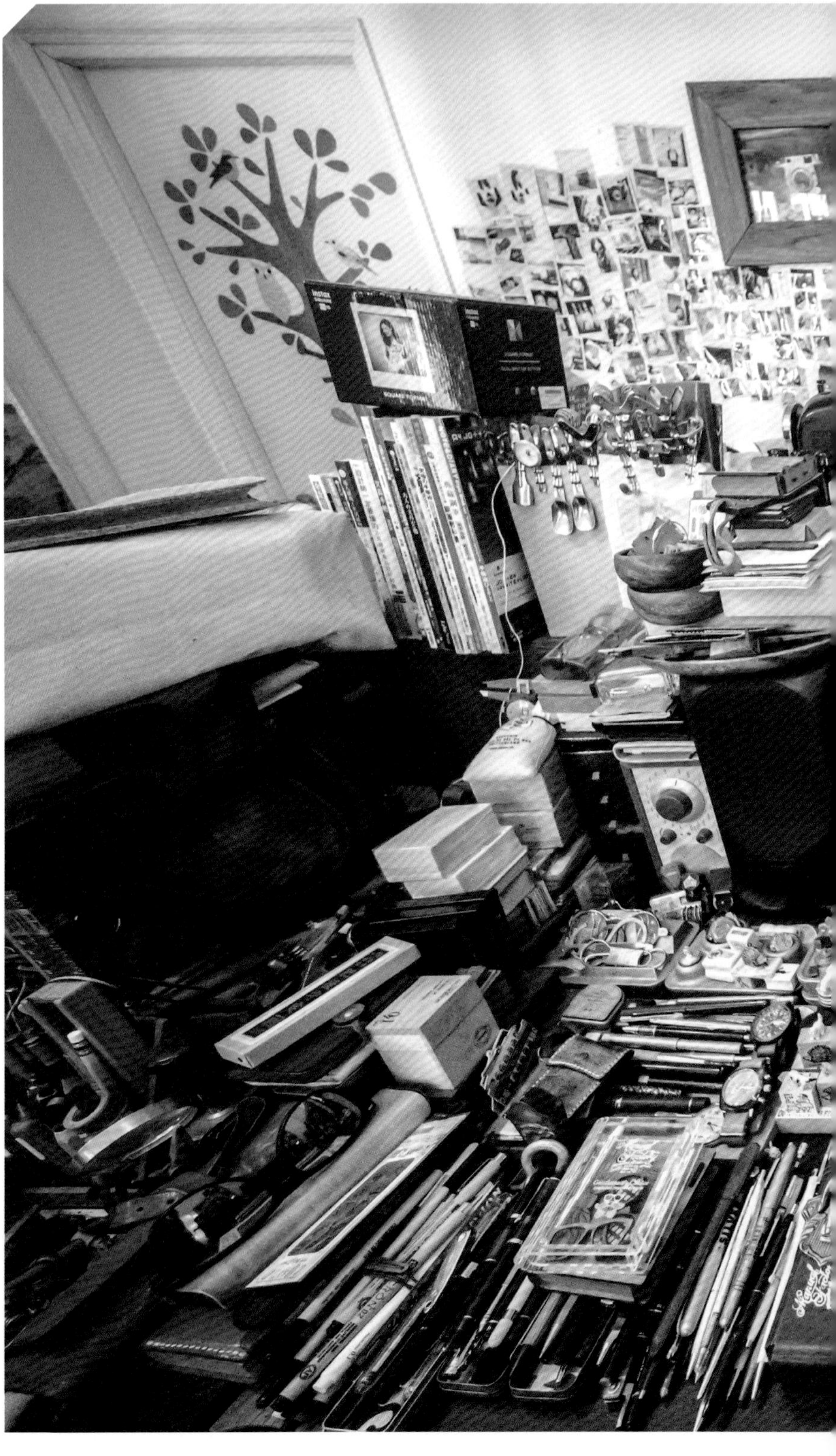

About

Patrick Ng

從事文具全球採購工作 15 年，熱愛鑽研產品與零售店的品牌真實感及設計美學，非正式 TRAVELER'S notebook 品牌大使，Chronodex 創作者，現任 city'super/LOG-ON 概念與營銷經理。

blog：http://scription.typepad.com
Instagram：@patrickng

隨手可得，未發現早已擁有，然後就忘記她的存在，成為眾多可能性的又一個過客。你怎樣處置她我不過問，但我已不能這樣活下去。

走遍各地生活文具店，魄力都放在要找到我能欣賞的她。這個她，我就知她存在於概念之間，用什麼形態出現我還未知。潦倒的六月夏，揹著一大堆差務走進避世小店，在玻璃櫃前未靜下來的心突然停頓。什麼？是她？已經是多年前碰上，欣賞了然後放下，怎麼今天興奮莫明，甚至期待重遇。七月夏，努力趨使我重返小店，約會了，交流了，親暱了，不能自制的決定了。

你選了她，別忘記她也選了你。關係昇華，愛到她成為你生命的一部分、靈感的來源與支柱，讓你發現自己未見的面貌，勇敢去設計未來分享成果。

愛用品特質：能謙卑地愛得透徹、引發自我對話與昇華，才值得擁有。

Patrick

1

案頭：生命中投放時間最多的地方

喜愛收集不同類型的夾子，沒有統一擺放的地方，隨處夾著不同的東西。就像每個口袋都有零錢一樣，需要時很快找到，也能引發意想不到的驚喜。

1

2

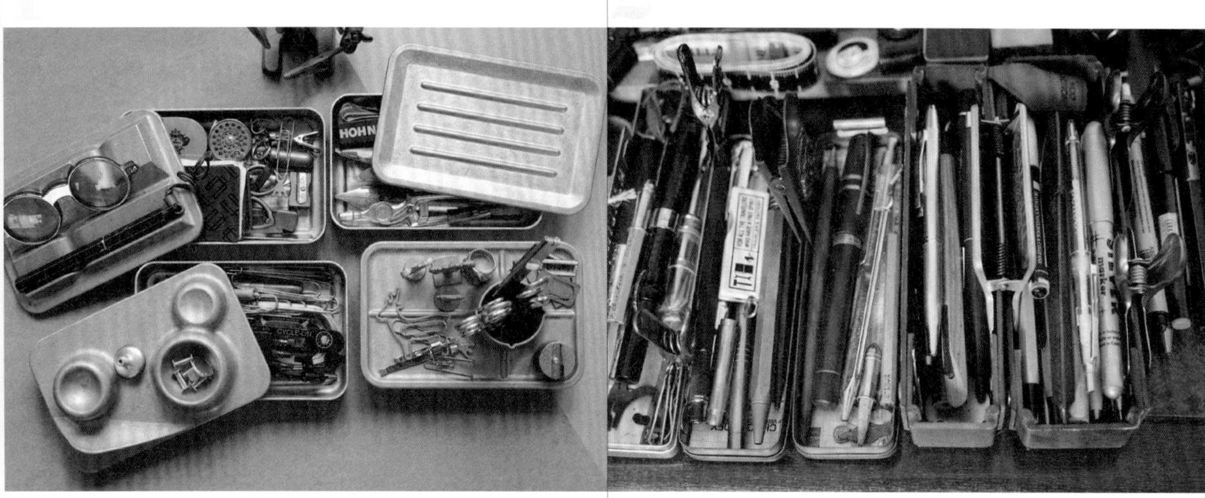

1 不常用的東西，例如圓規、釦針、拉尺及他國悠遊卡等等，利用蛋造型設計的Landscape收納真的很方便有型，名副其實締造美好的桌上風景。

2 最怕把東西收納入櫃，容易忘掉也難找到。雖然封塵在所難免，我仍選擇用很多的盤子開放式存放常用品。

3

4

3 像連環船一樣，夾子夾著盤子緊緊扣在一起，不易移位，而且當盤子容量飽和時，升高了的夾子更有著緩衝作用。

4 選擇Landscape當然亦因為我喜歡開放式「收納」。每個盒子分類收納，相關的常用品就放在上面，例如剪刀、鎅刀及削筆器等同類切割工具都放在一起，方便提取。

Patrick

2

中樞系統：從這中心點出發，規劃未來、回顧以往、享受現在

這就是我生活的中樞系統，以TRAVELER'S notebook作為中心，利用自我開發的Chronodex規劃時間，處理待辦清單，分別使用不同的內頁作繪圖設計、會議記錄及意念捕獲。也常攜帶了不少周邊配件及文書工具，簡直就是一把Swiss Army Knife。

Chronodex的TN週間版及GTD日程版是免費下載的，每六個月更新一次，而每次打印出來後我都會雀躍地製作封面，為未來六個月增添新鮮與期待感。

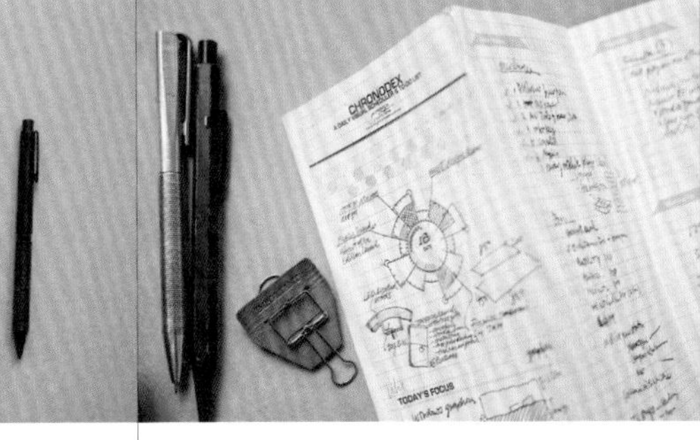

當繁忙程度高時，Chronodex週間版不能盡錄所有待辦事項，我就會用到Chronodex GTD日程版。左邊記錄與時間有關的事項，右邊則以GTD模式處理待辦清單。這格式亦加插了Today's Focus分段，提醒自己今天最重要的目標，也有Gratitude Note分段，給自己記下每天最值得慶幸的事情。

一般的手帳都把時間軸跟書寫位置混合在同一空間，Chronodex的特色是把時間軸轉化成鐘面一樣的中心，書寫位置則放在外圍任何未使用的空間，不浪廢紙張而且提倡了radial thinking，更加可以在未使用的空間發揮創意繪畫插畫。

我一般都只會用鉛筆把約會的時段根據重要程度打上陰影，普通的打一層，重要的打兩層，非常重要的打三層。若想增添視覺巧果加強記憶，不妨使用顏色突出重要事項。一週過去也可使用填色方法回顧經歷，例如我會把迫不得已要做的事情填上紅色，愛做的事填上藍或綠色，那就很快會意識到你的生命是誰作主宰了。

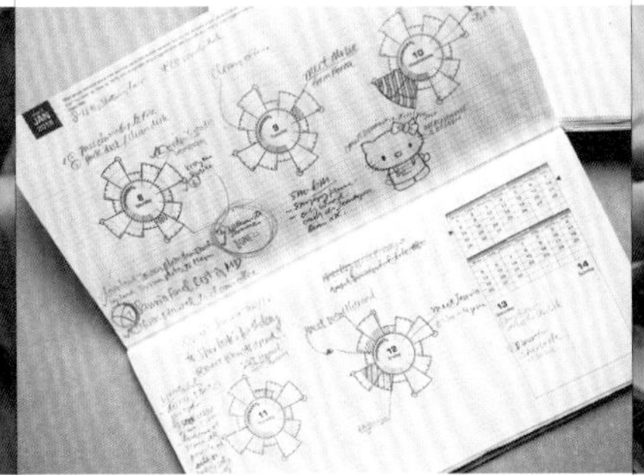

我的Chronodex當然不會是每週都視覺精彩，人忙到盡頭自然會崩潰至放空，不管理也是一種管理，管他我以後都不理。

這是我的會議記錄及意念捕獲手帳內頁，遇到漂亮的標籤貼紙或印章我都會考慮貼上封面或封底，所以每本內頁都有不同的外觀與故事，閒來翻閱回味無窮。

7

會議記錄及意念捕獲的方法對我來說都是如出一轍，多年來的自我訓練已經能capture, organise和visualize同時進行，腦圖是我常用的方法。TN內頁我都會橫向使用，感覺是比較自然，因為腦圖的中心左右方都會有更多位置順勢分支。

8

最喜愛選用TN的輕量紙，每本128頁之多，可以攜帶著幾個月前的會議記錄，隨時翻閱其他人已經忘掉的事情，而且紙質雖薄但堅韌度連水彩、鋼筆墨都達可接受程度。

9

這是我的DIY繪圖設計內頁，封面是用上硬身pressboard方便獨立使用，中間的紙是隨意拿廢紙裁剪成TN內頁尺寸。

10

最愛用自動鉛筆做筆記或繪圖設計，雖然很愛Rotring的技術外型，卻又欣賞Postalco的Channel Point原子筆款式及設計概念，於是我就把Rotring的自動鉛筆筆芯改裝至適合放進Postalco Channel Point，現已成為我最常用的筆之一。

11

12

Pilot的Capless是世上最方便的墨水鋼筆，一按即用，但我真的覺得她很醜。無論以往出過的款式有多討好，我都無法接受她天生奇怪的外型。在我有能力幫她整容之前只好偶爾替她粉飾一下，這枝筆曾經是啞光黑色，久用成了露銅，然後被噴成槍鐵色，現在的她是銅鐵斑馬色。

銅鐵斑馬色的Pilot Capless我一般都會配用Platinum的Carbon ink。因為Carbon ink的黑色特別濃而且防水，在繪圖上後期製作加水彩顏色很有強烈的對比。

13

14

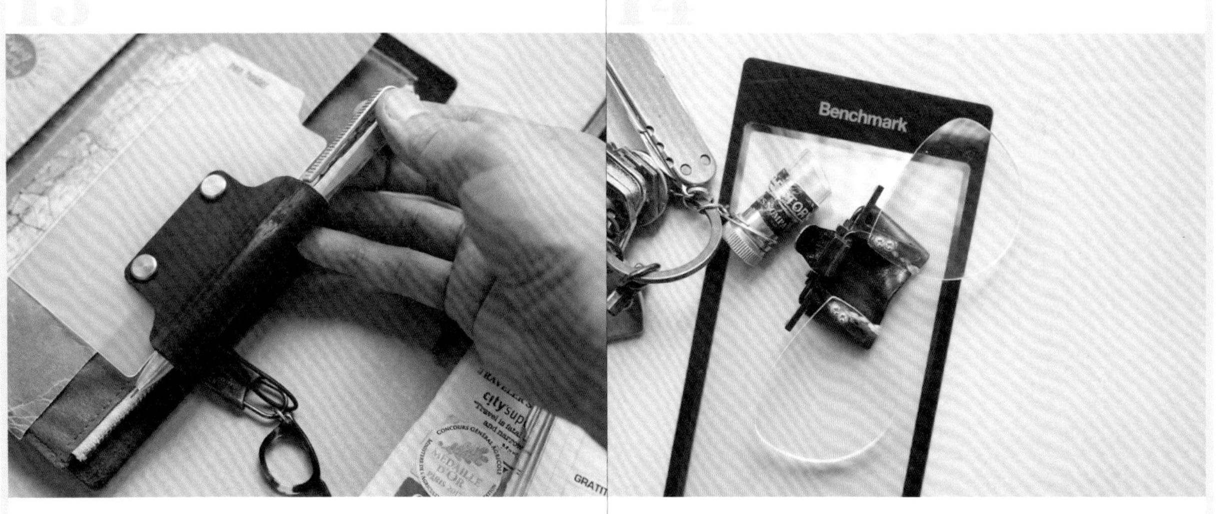

TN配件中的筆插實在太令人有種不安感，粵語稱之為「吊吊揈」，而且夾子會傷害皮革也常常勾著綁帶，因此我為每本TN都會特別製作同色的筆插。

這幾年開始明白有「閱讀輔助」的需要，黃色咭片式的放大鏡能使我在強烈白光照射下閱讀不刺眼，超小型顯微鏡是工作需要也是好奇到處找有趣事物的玩意，至於夾戴式的那個應該是老花鏡吧！

Patrick

3

手藝：展現心思的小祕技

中學時期已經迷上了蠟封章，總是覺得經過蠟封的不是密函就是兒女私情，引人入勝。當時尚未流行復古手工藝，沒有相關平民化商品，現在可以像選糖果一樣的挑蠟色，把一份普通的小禮物變成密函，內藏機械打字機編寫的密碼詩詞，收到這禮物的都不捨得拆開，會問怎樣可以保存外觀，好玩。我沒有瘋狂收集印章，但很開心收到朋友細心挑選而送的，輪流使用。

1

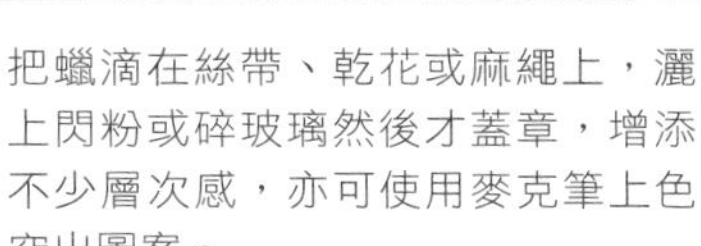

把蠟滴在絲帶、乾花或麻繩上，灑上閃粉或碎玻璃然後才蓋章，增添不少層次感，亦可使用麥克筆上色突出圖案。

2

在未找到自己很稱心的工具前，不妨自製。這用鐵線屈曲成的「免提」以最小的物質制作，減低自我吸熱，又可任意調校角度，自娛也。

3

想預先製作蠟封章待適時使用，可選用較柔軟的膠質蠟，把蠟滴在光滑面或蠟紙上，蓋章冷卻後便容易移除，日後只需加點膠水黏上小禮物便可。

4

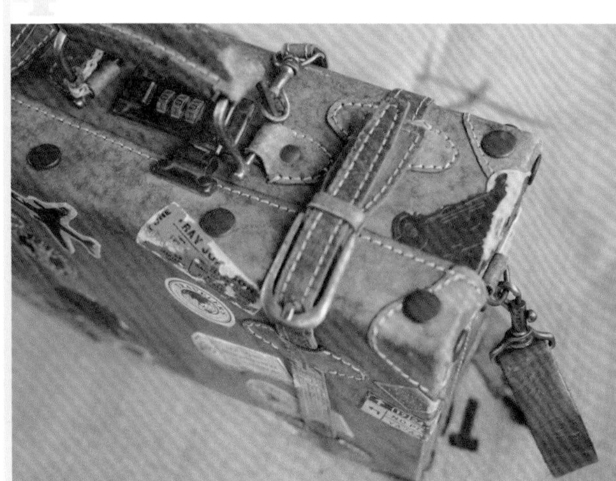

這個小小的皮革旅行箱，是用薄豬皮製成的樣板，因為生產成本太高所以最終沒有量產，韓國廠家見我在工廠中依依不捨的看著她，最終決定賣給我。外面的PU貼紙和肩帶都是我後來加上去的。

5

每次到外地參與TN活動時，我都會用到這個皮革旅行箱，裡面放著TN過往的特別印章和我自製的印章，還會按需要擺放不同的印台和圍裙。

Patrick

外出包裡必備的文具用品

除了配上woggle的手帕和Freitag包包會被更換以外，幾乎每天都帶著所有這些愛用品／必須品。攜帶一個包包，公司太吵可以去咖啡店工作，飛機上無聊可以寫手帳調整日程，街上突發美景可以拍照。期望數年後最重的相機與電腦可以體重減半，那我就可以攜著包包跑步了。

1

Royal Talens的Rembrandt水彩磚，Caran d'Ache的科學毛筆，卡式錄音帶造型的糖果盒用作放置更多的水彩磚。

2

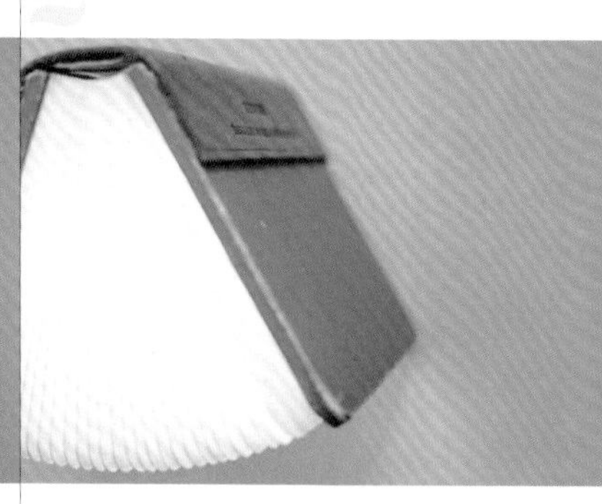

Hello Lumio的小型LED燈，兼具行動電源功能，DIY改裝成皮革書脊。

3

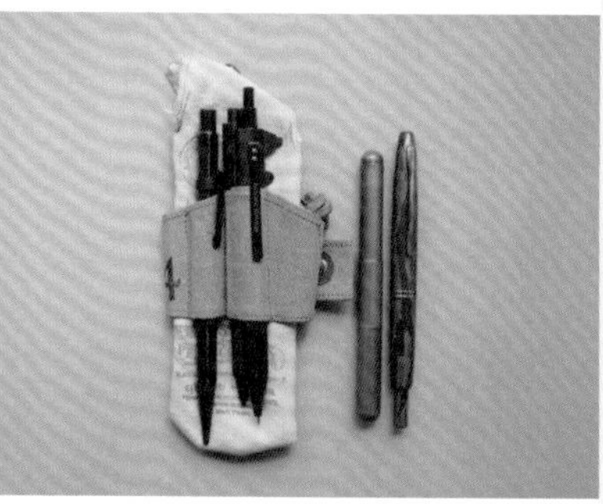

DIY筆袋，部分筆可外露以方便提取。

4

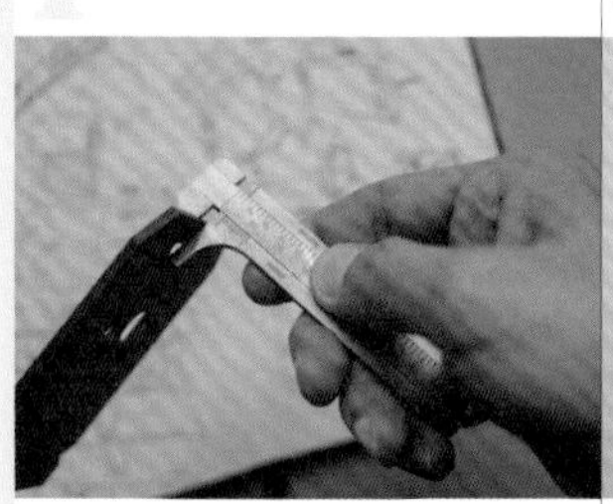

HUNTER銅製卡尺。

5

鑰匙釦除了放置鑰匙以外，亦是收藏小工具的好幫手。這裡有USB記憶體、顯微鏡和朋友改裝的瑞士軍刀。

6

iPhoneX，機殼包含魚眼鏡、廣角鏡及微距鏡，Shure SE535耳機。

7

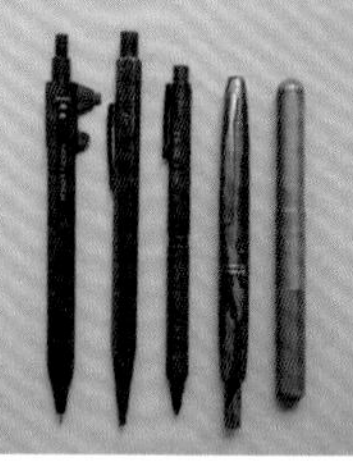

由左而右：Messograf卡尺自動鉛筆0.7mm，Y-Studio露銅自動鉛筆2.0mm，Pentel Orenz自動鉛筆0.2mm，Pilot Capless DIY銅鐵斑馬色鋼筆F，Kaweco Supra鋼筆EF。

不是悶的文具愛用品

依場景更迭選擇

About
不是悶

住在紐西蘭的「孤獨」手帳發燒友。
身邊沒有同好，故而在網路上分享對手帳的喜愛，至今已分享 100 多個文具手帳影片。

Instagram：synge112
Youtube：bushimen

作為一名文具方向的Youtuber，
我很頻繁而規律的盤點生活裡
各種場景下自己愛用的文具。
雖然喜歡的口味真的特別廣，
愛用的東西真的數不完，
可是真正生活裡用得最多的文具
都屬於「大人的文具」，
設計簡潔耐看，
品質做工優秀，
屬於買了就能陪伴你很久的那種。
在紙本選擇上，
我偏愛能適應鋼筆的紙張；
本冊的選擇上
尤其偏愛好的皮質製作的書衣；
書寫筆曾經最愛鋼筆，
現在口味有越來越廣的趨勢。
不過在不同場景下，
我愛用的文具的確是有差異的，
想要隨著場景的更迭
選擇最合適的文具使用。

不是悶

1

事務用最愛文具

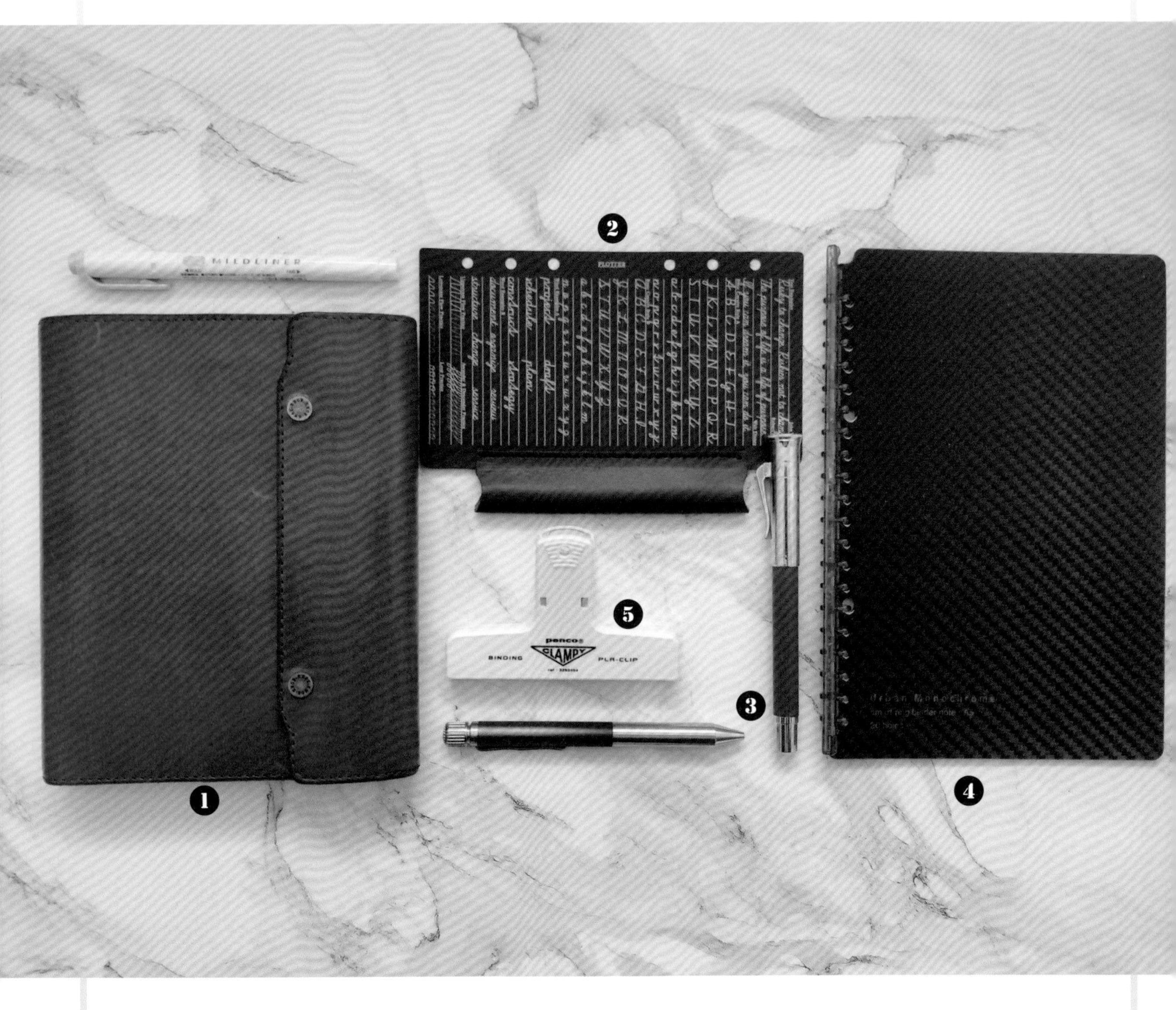

1

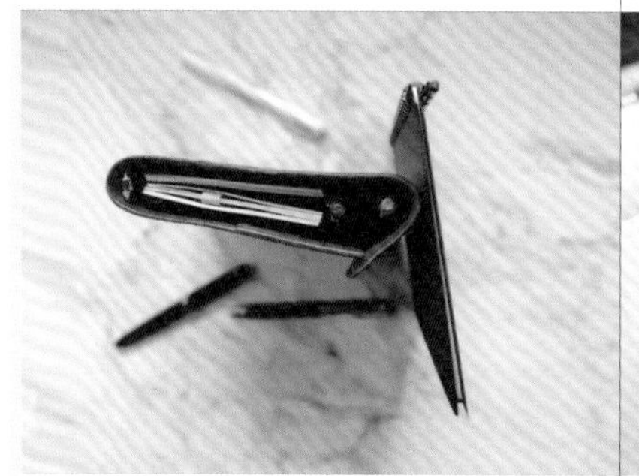

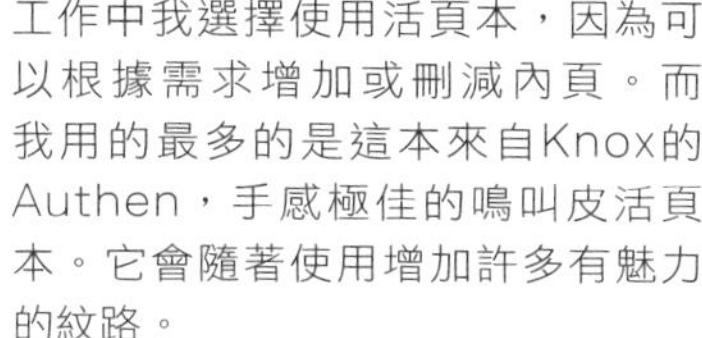

工作中我選擇使用活頁本，因為可以根據需求增加或刪減內頁。而我用的最多的是這本來自Knox的Authen，手感極佳的鳴叫皮活頁本。它會隨著使用增加許多有魅力的紋路。

2

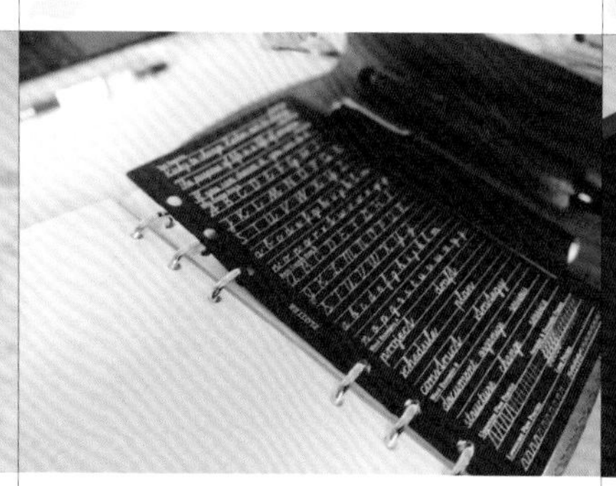

搭配Authen的一個配件是我的大愛，來自Plotter的活頁分隔頁。我自己拿剪刀把每個小孔都剪開了，非常方便拿取。另外它還帶有一個筆插，設計得太棒了。

3

工作用的書寫筆我選擇輝柏嘉伯爵的經典系列鋼筆，巴西木的筆桿握在手中感覺非凡，寫出的字會變好看。另一支是Sakura的黃銅筆，不太適合大量書寫的筆，可是太美了，我在顏值面前服輸了。另一支是經典的斑馬Mildliner灰色高亮筆，顏色溫和不刺眼。

4

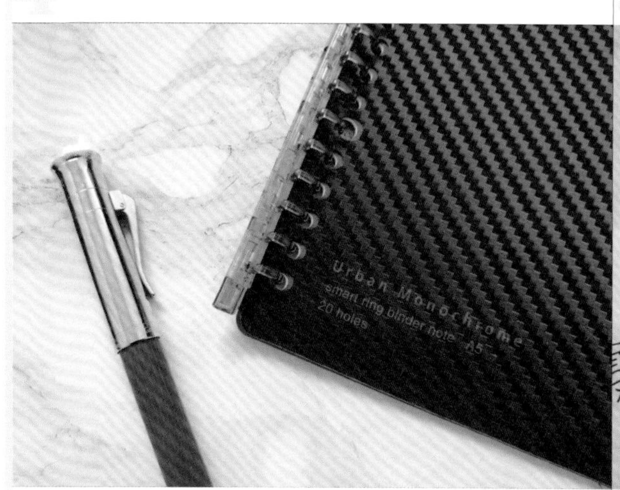

另一本愛用的本子是來自國譽的Smart Ring活頁，特別適合會議記錄，無敵輕薄，一點都不增加負擔。這本黑紅的配色也非常經典。

5

最後我推薦這個Hightide的大夾子，真的很能夾！日常手邊零散的紙張、素材可以立刻夾起來，便於收納整理。另外這個夾子的設計也非常耐看。

不是悶

2

生活、娛樂最愛文具

這裡我分享在日常玩文具做手帳過程中最愛用的小物們。

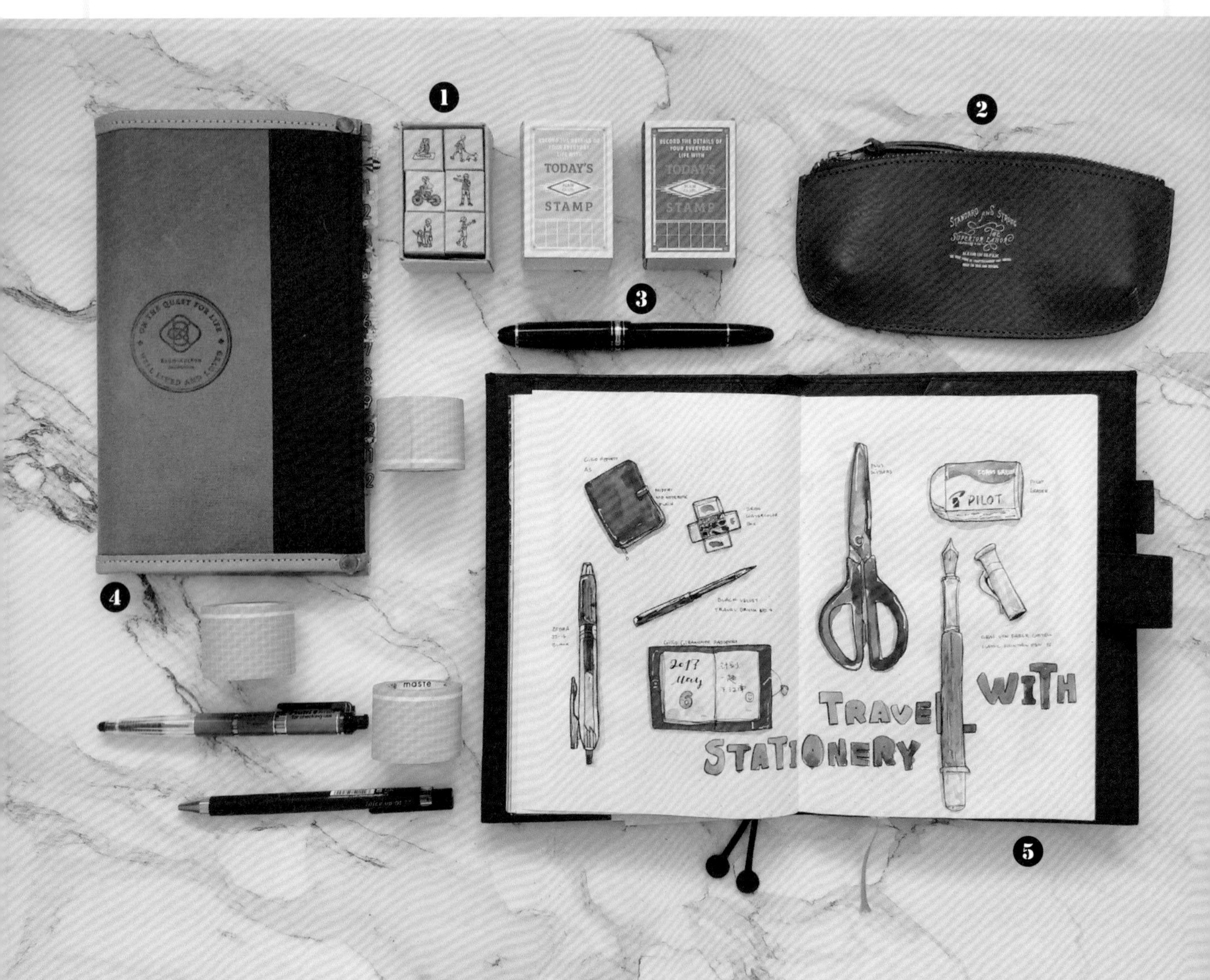

臺灣直物文房具出品的每日印章是我的大愛，簡潔生動的小圖案在手帳本上非常活潑，尺寸夠小也不會喧賓奪主。

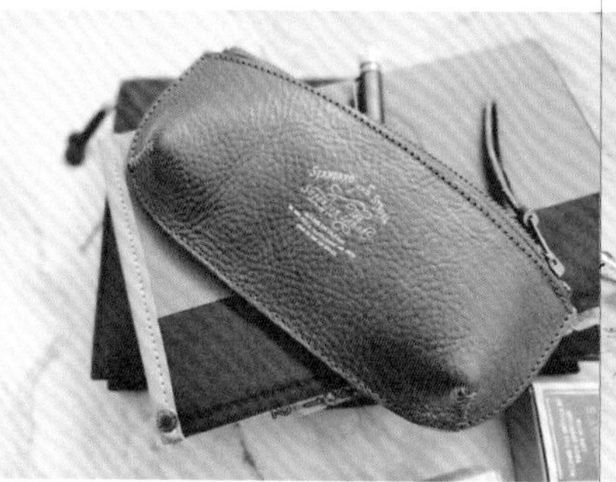

這款筆袋是我最愛的橄欖綠色，皮質也非常好，來自The Superior Labor。我真是一個敗給了顏值的人呢。

生活裡愛用的筆很多，這裡非常努力的選擇了3支。我最愛的書寫鋼筆萬寶龍大班146，這支的銥粒打磨實在太適合我的書寫習慣。百樂Juice Up中性筆，順滑好寫，長相也不幼稚。派通八合一彩鉛，超級方便，一支筆8個顏色，適合用來標重點、高亮、塗色等。

自分手帳是我今年的主日程本，我在這裡記錄每日時間開銷和待辦事項。能堅持寫這本手帳也讓我成就感滿滿。設計合理、紙質優秀。

我在這本Midori MD A5空白本上寫每天的日記，有時候貼紙膠帶，有時候畫畫，它的紙張非常好，可以輕鬆駕馭我使用的不同媒介。它的書衣來自比利時品牌Gillio，質感優秀讓人上癮。

不是悶

3

旅行中最愛文具

鋼筆我選擇了萬寶龍波西米亞。這支筆是口袋筆，非常小巧，只能使用墨囊，很適合旅行攜帶。另外兩支是軟頭筆，來自蜻蜓和派通，我喜歡用他們來寫brush lettering。

旅行途中我不會帶很多裝飾性的膠帶貼紙，而會帶上畫材，隨性的畫畫所見的事物。這裡的三支我用的特別多：Rotring自動鉛筆加紅色鉛筆芯用來打底稿，Copic防水勾線筆用來勾線，三菱牛奶筆用來畫高光。

旅行就要帶「旅行者筆記本」嘛！我最近幾次旅行都帶的這本TRAVELER'S notebook橄欖綠手帳本，在裡面會綁一個收納袋、2個手帳本和一個牛皮紙收納袋。我喜歡TN復古的感覺和很強的客制化能力。
HP Sprocket每次旅行都帶，它能快速列印出小小的照片，而且直接像貼紙一樣可以貼在本子上，是我使用度最高的照片印表機。

旅行必帶的定制黃銅水彩盒，只有半個手機的大小，裡面裝著12色的Holbein固體水彩。旅行水彩筆刷我最愛的是Black Velvet 4號筆刷，聚峰蓄水能力都非常優秀。

不是悶

4

最愛的療癒文具

文具真的是我的解藥。我有一本 Midori 的口袋本，每一頁都是一個口袋，用來裝朋友寄給我的「心意」，有時是小字條，有時是好看包裝紙的一角。

夏米花園的印章我實在是每一個都喜歡，從不失望。所有元素看似沒有邏輯卻又非常有機的組合在一起，每次做手帳都要印個幾下才開心。

色彩讓人心情明亮！作為鋼筆彩墨的粉絲，玩墨水對我來說是極為療愈的。目前我已經累計收藏鋼筆墨水一百瓶以上，試色固定用川西硝子的玻璃蘸水筆，論美貌和實力它都是非常厲害的。

日本Yohaku和夏米花園的膠帶是最戳中我的。不是非常具體的圖案，卻準確的傳達了一種情緒或一種感覺。總之，愛就愛了哪裡說得清理由。大愛Yohaku和夏米花園！

不是悶

|番|外|篇|

文具迷的包內中身

我平時出門時間一般不會太長，所以選擇隨身的文具很精簡。
主要就是一個筆袋加一個隨身小本，記錄一下購物清單等，有時候也會拿出來打發等候的時間。

隨身小本來自Il Bisonte，是一本pocket尺寸的活頁本。我喜歡這樣三摺的形式，好像一床棉被舒服的裹著裡面的內芯。這個尺寸隨身毫無壓力。

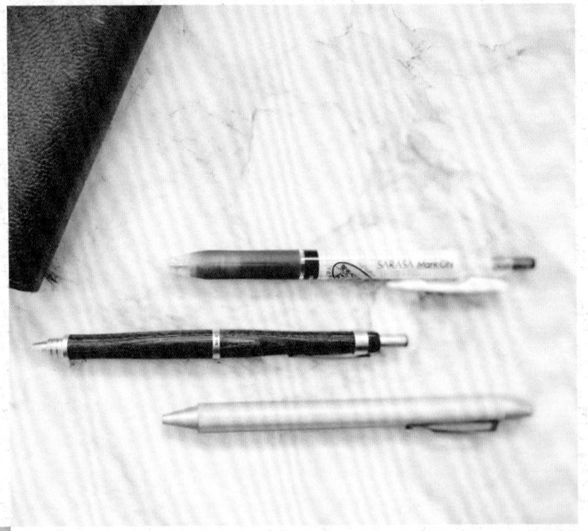

隨身的書寫筆我只選擇按動式或旋轉式的，因為拔蓋式的容易在包裡劃來劃去。

Maruman的小本子隨身很棒，紙張好，每頁帶有虛線可以方便撕下來。

柑仔

柑仔的文具愛用品

層層試煉下的名人堂！

About
柑仔

喜歡文具，很喜歡文具。
知道文具背後的故事會喜孜孜，弄懂文具製作的原理會笑開懷，會假訪談之名，行大肆購買之實的文具狂熱人士。

Facebook：柑仔帶你買文具
Instagram：sunkist214

對文具熱愛也喜歡嘗鮮的我，
要成為我的愛用品候選人，
要經過以下的試煉：
定期逛文具店或上網搜尋新商品
想盡辦法買回家試用。
研究拓展新戰利品功能，
決定是否打入冷宮或寵幸萬分。
經過了這一連串考驗，
夠好用夠順手夠好看的，
才能堂而皇之進入柑仔文具名人堂。
除了華麗浮誇的復古風、
好搭實用的基本款、
或者搞笑有趣，
讓心情愉快的小玩意兒，
因為工作上離不開書寫裝訂，
順手好用故障率低的事務用文具，
也佔據了愛用品清單的重要位置。

柑仔

1 隨時都要用

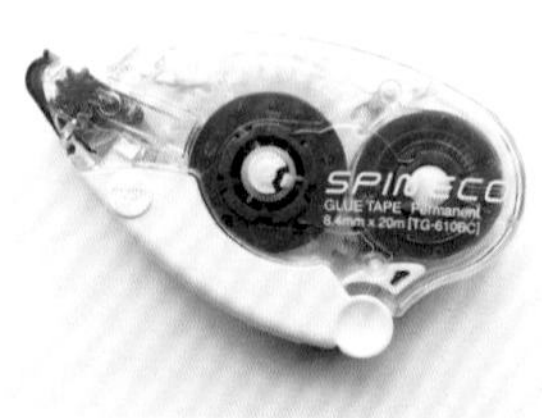

PLUS-SPIN ECO
旋轉雙面膠

造型圓滾要用整個手掌才能握住，使用上需要一點技巧才能順手。但這款有超長22公尺、無酸可防止照片變色的滾輪雙面膠，單價低又可替換內帶，使用起來有種愛地球又省錢的爽感。新款的TG-620，改成容易辨識位置的淺藍色跟粉紅色蜂窩狀膠點，非常令人期待在台灣開賣的那天。

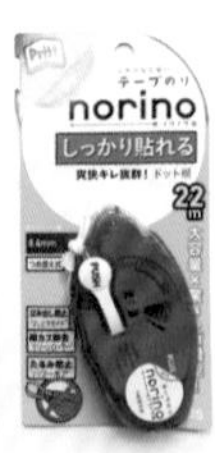

PLUS norino beans

原本以為PLUS-SPIN ECO會是我此生摯愛，但原本只有8公尺的豆豆彩貼新款，長度激增到22公尺，還有強力、蜂窩點狀膠和弱黏性等三種不同的黏貼強度可選擇，單價雖然略高一點，但也相當值得購入。

DATABANK環保計算紙

能抵抗鋼筆墨水和柔繪筆暈染的紙張裡，DATABANK是非常超值的選擇，有五種大小方便隨身攜帶或家中使用。米白的紙張看起來很舒服，紙張較薄建議單面書寫。

菊水和紙膠帶

貼明信片裝飾牆壁時，只要有一絲擔心膠帶會把漆給黏起來，我就會立刻改拿起菊水紙膠帶，令人信賴的不只是膠帶本身，粉絲頁裡的老闆也像是大家的老朋友呢。

2 手帳拼貼用

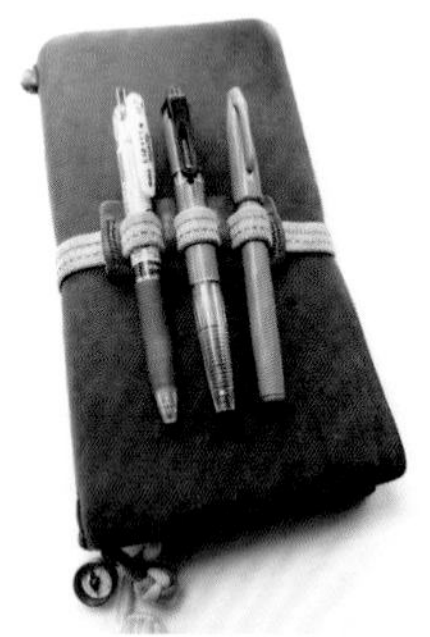

TRAVELER'S notebook
旅人筆記本

各式各樣不同格式的筆記本，充滿個人化的內頁搭配，加上隨著時間會越來越有自己味道的皮革外皮，是簡單卻充滿了無限可能的筆記本。外出時搭配HIGHTIDE筆插綁書帶，隨時想寫都很方便。

mt和紙膠帶 基本款

基本款裡最好用的是素色、條紋、斜線、方格、圓點等，而能把色系出得如此齊全，只有mt可以辦到。華麗的紙膠帶款式雖然奪目，但基本款才是我的心頭好呀。

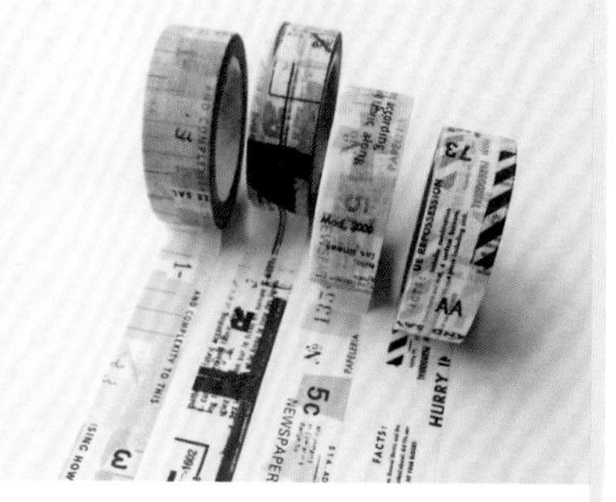

YOHAKU紙膠帶

任何場合拿起YOHAKU，整段貼也好，撕開貼也好，都能一秒融入。目前出的每款都好看得不得了，是沒有靈感拼貼時的大愛！

3 好用小工具

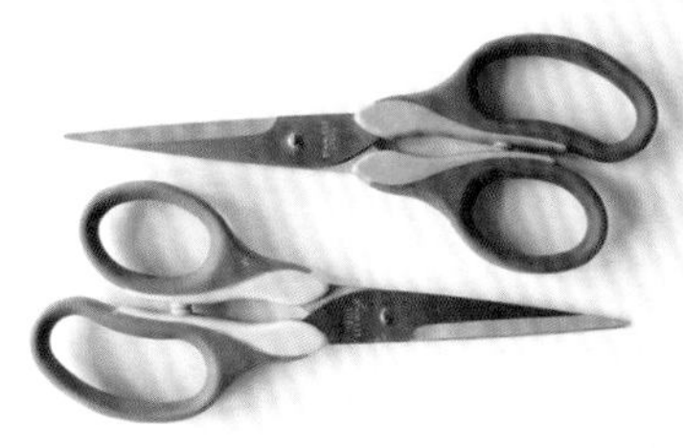

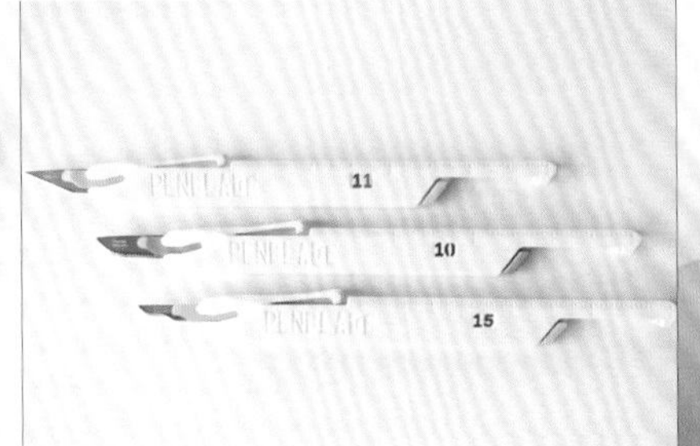

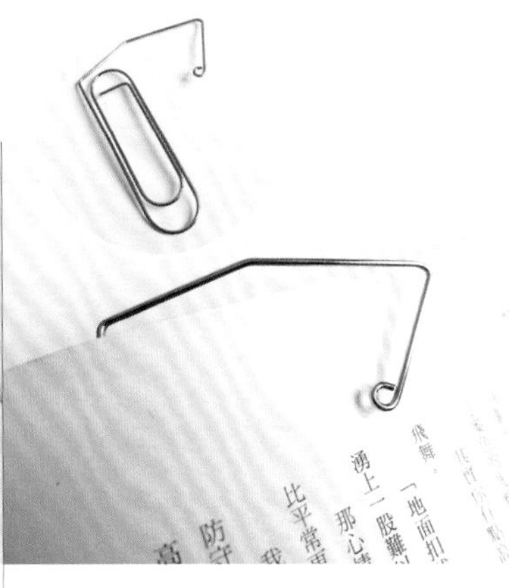

富美軟把剪刀

剪日付、剪貼紙、剪膠帶…剪完之後大拇指總是會被勒出剪刀把手的痕跡。這款軟把剪刀非常柔軟，不會造成手指壓力，讓剪貼變得愉快。雖然沒有防黏貼的塗層，但只要用去光水就可以輕鬆去除殘膠。

PENBLADE手術刀

分成三種不同弧度的刀頭，十分銳利，只要從後方一推刃口就會伸出，刀刃縮回時前方缺口處可割斷棉線，後方有簡單尺規，隨手使用很便利。但刀刃無法替換較不環保，不建議長時間工作使用。

HIGHTIDE 翻頁書籤夾

原本覺得這玩意兒很雞肋，但一用就離不開！比起使用在手帳上，在書本上感覺更加順手，任何緊急狀況闔上書頁，它都會好好的卡在書本上，不用擔心忘記看到哪一頁。

4 就是愛寫字

吳竹油性軟頭筆
suitto crafters

這款軟頭筆能寫在大部分的膠帶表面，筆頭柔軟好操控，十分推薦。suitto crafters中的透明款，可在其他顏色著色完乾燥後，溶解原本顏色露出底色，製造有趣的效果。

Pentel柔繪筆

小但極具彈性的筆頭可以寫出粗細的線條變化，在手帳上寫中英文都非常適合，顏色選擇多也易入手，是必須擁有的一套筆。

Pelikan M200
百利金 奶咖

拿來日常書寫很喜歡的一支筆，對我來說彈性適中書寫滑順，重點是奶油咖啡色這配色太美了，每次用都心情大好呀。

LIHIT LAB
SMART FIT筆袋

輕薄的袋身方便隨身攜帶，質地耐磨，反摺互扣後可以立在桌上方便取用文具，是很令人驚喜的設計。

柑仔

5 蓋印是風潮

SUPER A瞬速乾印台

適合鋼筆使用的手帳紙張，通常都會讓印台乾得比較慢，但這款印台實際測試幾乎是秒乾，使用起來安心許多，有補充液可另行添加，印台及補充液目前台灣都尚未販售。

Tsukineco Versamagic
月貓魔術印台

適合在大部分手帳紙張上使用，不容易透到紙張背面，而且色系粉嫩多樣，拿來做背景搭配簡直無敵。有大的長方形印台和小的水滴型印台可選擇。

Ranger復古氧化印台

這款印台帶著粉彩的感覺，我特別喜歡深色印台遇到水氣之後的顏色變化，出現的層次感令人驚艷，甚至出現逼真的鐵鏽感。但這款印台並不適合所有紙張使用，使用時也務必要注意喔。

OURS 森林好朋友
色彩工坊幾何印章組

看似簡單的幾何圖形，簡單蓋印互相搭配就超有感覺，直接蓋印在手帳上，或者蓋印在貼紙上再來拼貼都好看，是非常稱職的綠葉角色。

迪夢奇Day By Day
月曆印章組

從1到31的數字即使不拿來蓋印日期，單純標示數字也覺得非常好用，字體選擇簡潔好看，如果能加上月份印章就完美了！

夏米印章ep系列

夏米印章中各系列特色都不同，ep系列是其中最容易搭配使用，各種風格都可以完美融合的系列，除了太難買到以外，可說是完美。

自製印章

針對自己的需求選擇字體和大小，請印章店刻製的印章，自行排版的七顆月份章是得意之作，目前仍然熱切使用中。

柑仔

| 番 | 外 | 篇 |

文具迷的包內中身

因為想為空檔時間保留所有的可能性，每天背磚塊出門是一名文具控的日常。
帶著 TRAVELER'S notebook，內頁是舊款 018、空白本和收納的拉鍊袋；
LIHIT LAB 的收納袋裡有富美剪刀、紙膠帶分裝、印好的日付和素材；
更別提有時候想練練字，那麼鋼筆跟軟頭筆也絕對不能少帶，
可以蓋印或練字的環保計算紙也得塞一本進去；
啊，我還有一本自製的貼紙本，不帶也不行啊……
左思右想，無法割捨，日復一日，柑仔搬磚。

Chloe的文具愛用品

實用為本！

About

Chloe Wang

在閱讀和創作中學習生活，喜歡經過掏洗揀選後的簡單生活。
邊寫邊畫，穿過一層層時間的篩網，在 2018 年決定揹起行囊，前往英國留學念插畫。

Instagram：chloewang.co

就如同選擇交往對象一樣，
不同年齡層、不同階段，
考量的事情不同，
選擇也就大相逕庭。

因此在介紹我的文具愛用品前，
先提供一點關於我個人
及偏好的描述，作為參考。

首先，文具作為工具的一支，
自然是以「實用」為首要考量。
因此如果「美觀」和「實用」
只能二選一，我偏好後者。
當然若能碰上兩者兼具的設計，
便是再好不過了。

另外，我平常使用文具的時機有三種：
一是過去記錄，也就是所謂的日記。
二是未來規劃，於一般的紙本行事曆。
三則是圖像創作。

因此就第一項來說，
我很需要檔案管理工具，協助留存歸檔。
在未來規劃方面，
便利貼是協助我時間管理的最佳幫手。
最後，
我也會介紹一些進行創作時的愛用品。

Chloe Wang

1 目前使用中的本奔

左邊是Moleskine月計畫行事曆。我會在上面浮貼一層描圖紙，作為貼便利貼的地方，這樣原先的紙面就可以寫字，而不會被便利貼所佔用。
右邊的方格本則是子彈筆記，可以系統性地記錄個人健康、飲食等事項，補充日記的不足。

左邊是我一日一頁的日記，單純記錄自己每一天的行程以及想法。
中間是捕捉創作靈感的空白線圈筆記本，因為不是特殊紙，所以可以放心大膽地畫。
右邊是我隨身攜帶的硬皮筆記本，隨時記錄想法或是為講座、展覽寫筆記。

2 鉛筆盒內的常客

這些是我最常使用的工具，但有時候會根據當天的規劃不同，例如要外出畫畫，那麼就會更換內容物。

左邊兩支是準備英日文檢定時，因為筆記需求，特別購入的多色筆。
去年SARASA推出的特殊復古色系列，因為顏色好看又是我最習慣的0.5尺寸，因此會準備一支在鉛筆盒裡。
最後這支是卡達雙頭色鉛筆，無論是畫重點或是碰巧想畫畫時，這支色澤飽滿、筆頭軟硬剛好，非常好用。

由左而右依序是Uni1.0白色剛珠筆、Uni1.0黑色鋼珠筆、PILOT細字（專門寫紙膠帶的黑筆）、SARASA0.5黑色鋼珠筆。

由左到右：在試過無數支自動鉛筆後，無印良品的這支是我用起來最順手也最喜歡的。
另外我也會攜帶一支普通鉛筆，就深淺還有軟硬度來說，最愛的就是這支MITSU-BISHI的HB鉛筆。
LAMY的工程筆是弟弟送的生日禮物，是我畫速寫的最佳夥伴。如同鉛筆般的筆芯，加上沉穩的握桿，讓我每一次的書寫體驗都是絕妙的享受。過去都使用Pentel橡皮擦的我，發現它們有推出筆桿型橡皮擦後從此變心，因為筆桿型真的施力方便又省空間。
尺以及剪刀都選擇無印良品，理由不外乎是簡約設計以及順手好用。尤其是不殘膠的剪刀，我買了好幾支分別放在不同處呢。

3 檔案管理工具

因為喜歡留存發票、DM、電影票之類的紙物，因此會攜帶這種格子很多的分類夾協助分類整理。通常我都會視當天的行程還有攜帶的包包，決定要帶哪種分類夾。像是工作行程，因為我多採用A5大小的紙張記錄工作，因此會選擇攜帶A5透明的分類夾外出。

4 便利貼及紙膠帶

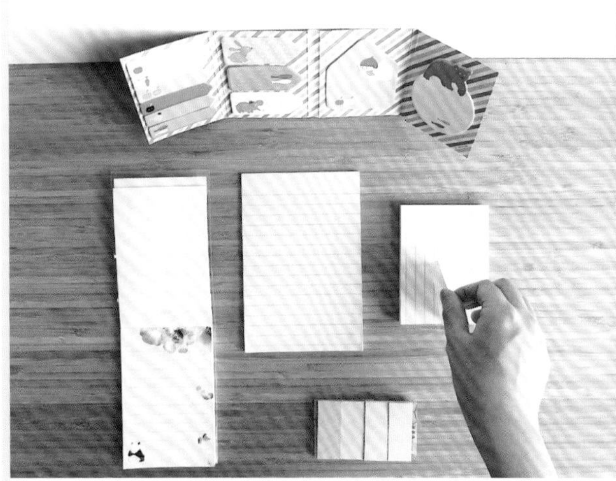

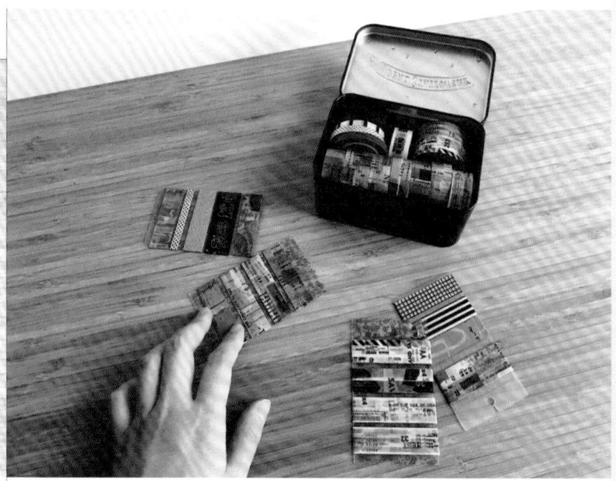

關於便利貼的部分，如果字數多，會使用有橫線的常見黃色N次貼。
中間大小的N次貼我會買比較可愛的款式，增加行事曆的活潑感，使用時心情也會跟著上揚。至於最小的N次貼，主要就是搭配我的Moleskine月計畫行事曆。我最重視顏色是否分明，這樣才容易辨別同時進行的各項計畫。
另外我也會準備一疊沒有黏性的信紙，搭配紙膠帶貼在行事曆充當N次貼。或者，需要寫小紙條給別人的時候也非常方便。

曾經歷過瘋狂蒐集紙膠帶的時期，到了現在開始懂得Less is more的道理，知道哪種風格的紙膠帶自己用得最上手。常用的固定收在書桌旁的黑色鐵盒中，也會準備分裝片隨身攜帶。

5 繪畫工具

在繪畫工具的部分，這幾樣是我願意回購的產品。最左邊的是卡達的水性色鉛筆，中間是溫莎牛頓的塊狀透明水彩，右邊則是好賓的黑貂水彩筆。

6 其他工具

這些算是我個人很推薦，但無法分類的文具。像是中間的透明墊版，是採用彈性的PVC材質，墊在它上面寫的字不只會變好看，書寫體驗也會跟著提昇。

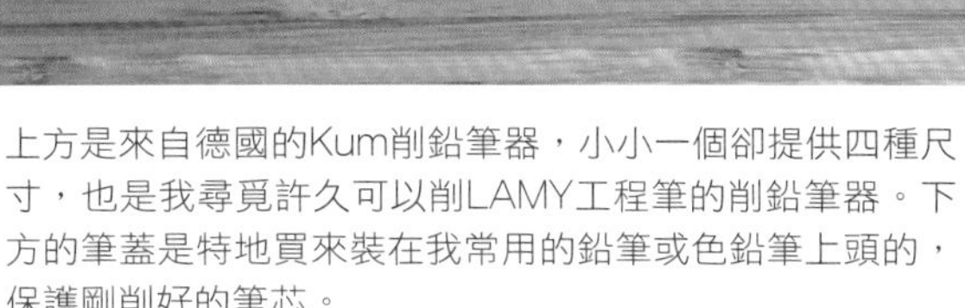

上方是來自德國的Kum削鉛筆器，小小一個卻提供四種尺寸，也是我尋覓許久可以削LAMY工程筆的削鉛筆器。下方的筆蓋是特地買來裝在我常用的鉛筆或色鉛筆上頭的，保護剛削好的筆芯。

FABER的萬能黏土是我裝飾房間的最佳幫手。無論是海報、公仔，我都靠它固定。

購自日本LOFT的捲線器，對於熱愛井然有序的我來說，是生活的必備用品。從手機線、充電線、耳機線各種線，有它在，一切乾淨整齊。

和一般的美工刀不同，這款形狀特殊的美工刀是用來製造虛線的，無論是創作或是工作，它都能派上用場。

這款手動碎紙機也是無印良品的產品，每次要銷燬文件的時候，有它幫忙就安心。

TEST 32
AND COMPLEXITY TO THIS

｜番｜外｜篇｜

文具迷的包內中身

如果是外出工作，
我幾乎都會揹筆電包，同時攜帶我的月計畫行事曆。
但如果是一般外出，我會攜帶的隨身物品如圖示。
上排的Ｎ次貼、紙膠帶分裝片會通通塞到下方水藍色收納袋中。
下排由左而右，分別是多格分類夾、收納袋、隨身硬皮筆記本，
以及無印良品的透明鉛筆盒（可直立放置的它，還兼有筆筒的功能）。
這些愛用品，可說是陪我生活的最小戰鬥單位！

橘枳的文具愛用品

以速寫需求為本

About
橘枳

台北人。想藉由手中的筆和大家分享每每發現時當下的感受，也許不盡然都是美好的，但如果大家能因此看見然後思考就好了。

Facebook 粉絲頁：橘逾淮為枳
Instagram：tangerinelin

身為一個愛畫畫的人，平時出門在外畫畫多以速寫為主，再加上是線條控，喜歡用線條快速勾勒的爽快，常用速寫本和鋼筆組合，也會隨身攜帶24色塊狀水彩和幾隻水筆，至於要不要上色就依現場狀況而定。速寫本最習慣 Moleskine Sketchbook，Sketchbook 內頁紙質平滑，線條表現ok卻不太適合用水彩上色，不過習慣畫圖之外還會寫些文字記錄，平滑的內頁寫起字還是較水彩紙來的好寫，所以上色優劣與否就放在考量的後面順位。黑色外皮防水且不容易弄髒，尺寸（13*21cm）攜帶方便用久也就習慣了，目前還沒找到其他替代速寫本。鋼筆有書法尖和一般尖兩種，沒有特定牌子，偏好筆身重一點，書法尖較一般尖能畫出變化更明顯的筆劃，墨水有稀釋過，筆袋裡會放兩小罐自己調的墨水一深一淺備用。水筆 Pentel 的手感用的最順，一樣會帶兩支。

橘枳

我使用的文具總類不多，大多以筆類為主，
主要就是勾勒線條的筆和上色用的筆。沒有刻意區分類別使用，
而是依照攜帶方便性區分，出門還是希望盡量精簡不要帶太多東西。

1 線稿用筆墨

線條用鋼筆，有書法尖和一般尖，書法尖的線條變化較大，塗黑也方便所以用來畫圖。一般尖則是書寫文字，但有時候也會混著使用。墨水以防水為主。

2 上色用具

調色盤一開始用12色，後來改用調色面積較大的24色，再大的調色盤就留在室內用。顏料有塊裝也有條狀擠入小方格使用。

3 水筆、水彩筆

上色部分會用到的水筆和水彩筆，水筆壓一壓就能出水，出外攜帶方便，需要較大面積渲染則是水彩筆較為適合。

4 其他表現方法

牛奶筆，偶爾會用其他筆類，主要是換換不同筆觸和表現方法。

5 本子們

本子以Moleskine Sketchbook為主，偶爾會用TN和不同尺寸的速寫本。

6 紙膠帶、口紅膠

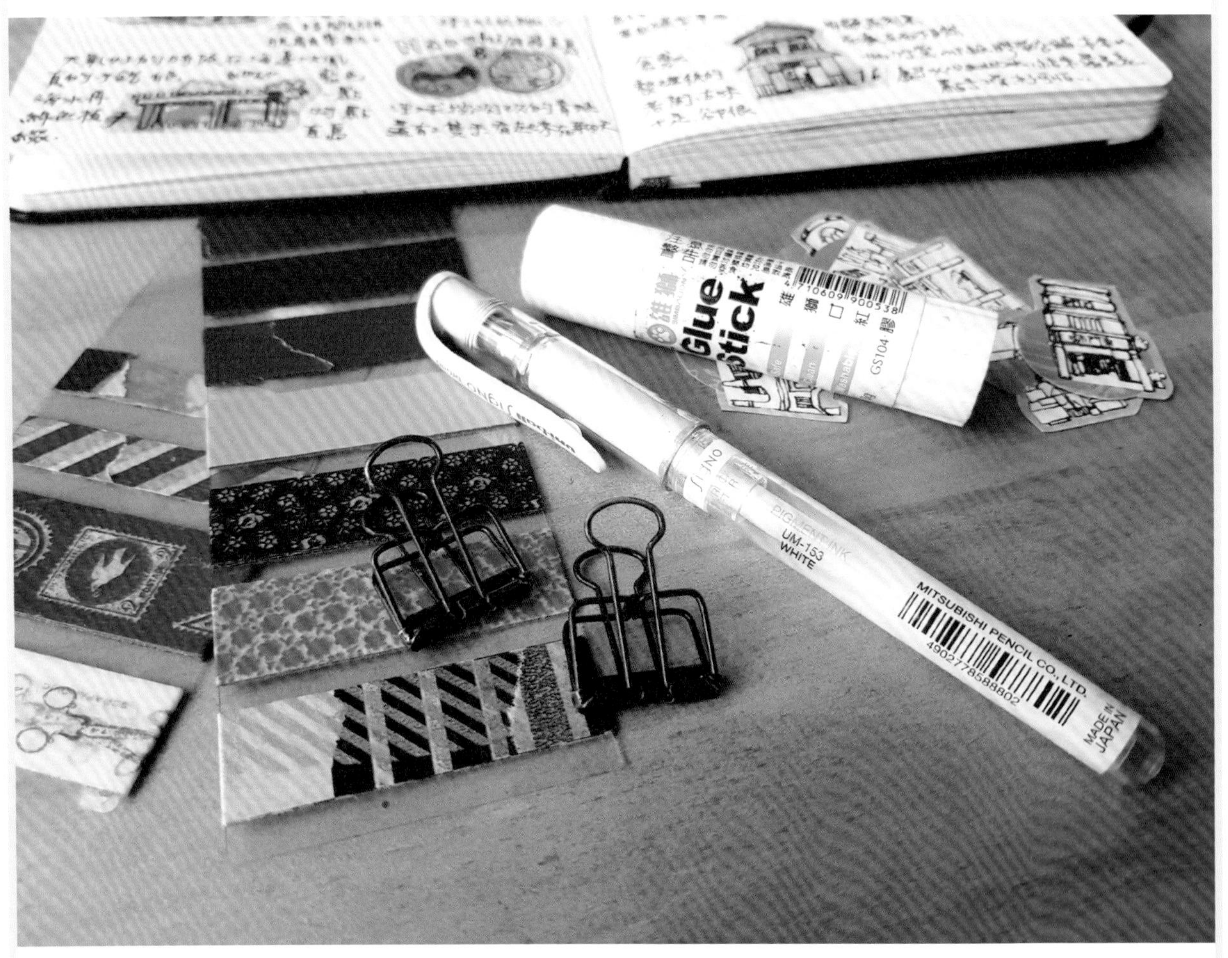

膠帶、口紅膠、小夾子，看到質感不錯的名片或DM，就會需要用到黏貼工具。

橘枳

|番|外|篇|

文具迷的包內中身

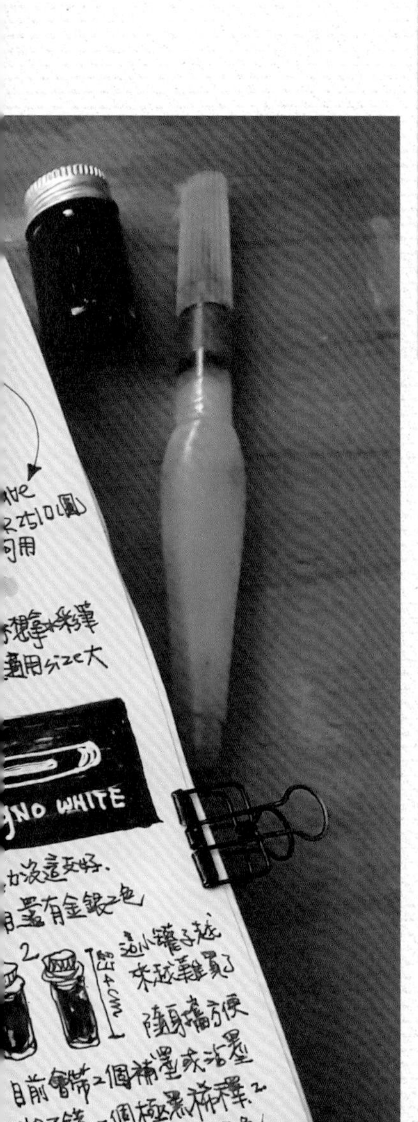

筆袋和筆

全部的筆有點粗暴地通通塞在筆袋裡，筆袋似乎是無印良品裝彩色筆的袋子，防水且大小剛好所以即使舊了還是繼續使用。有時候小罐子還會漏墨弄得很髒，發現鋼筆掉漆的時候也有懺悔一下，只好努力使用作為彌補。盡量不要帶太多筆，使用時有選擇障礙的感覺不太好，東西夠用就可以。一開始常用的鋼珠筆近來畫畫用不上，隨手寫筆記倒是適合，也就繼續帶著了。

必備用筆

一些隨身帶的筆的自畫像，墨筆、圓珠筆、鋼筆、鋼珠筆、水彩筆、水筆、牛奶筆。

YuYu 的文具愛用品

繞著手帳運行

About
YuYu

高中念設計，大學拍電影，畢業後曾當過一陣子包裝設計師。
現任職於誠品文具館，沉溺文具的世界裡無法自拔。
於 2012 年成立文具小旅行至今。

instagram：stationerytrip
facebook：文具小旅行

文具一直以來都是我生活中的必需品，但自從在文具館工作以後，對於文具的狂熱較以前稍稍降低了些，也許是因為每天都能接觸的關係吧，現在比較能冷靜思考哪些東西才是我真正需要、好用而且喜歡的。結帳前會先經過一番糾結，最後才會願意掏出薪水奉獻（當然偶爾還是會有崩潰的時候，所以有會滅火的同事也非常重要）。平常上班事情比較多，所以在休假和下班會持續使用的東西就只有手帳了。因此我最常亂買的就是手帳週邊，大的從滑行膠帶到柔色螢光筆，小的從花邊帶到貼紙跟造型小夾子，對我來說只要能填滿手帳空白的都是好物。照片裡都是我目前最常使用到的文具，偶爾也會帶著這些東西到咖啡廳坐一整個下午當當假文青。（笑）

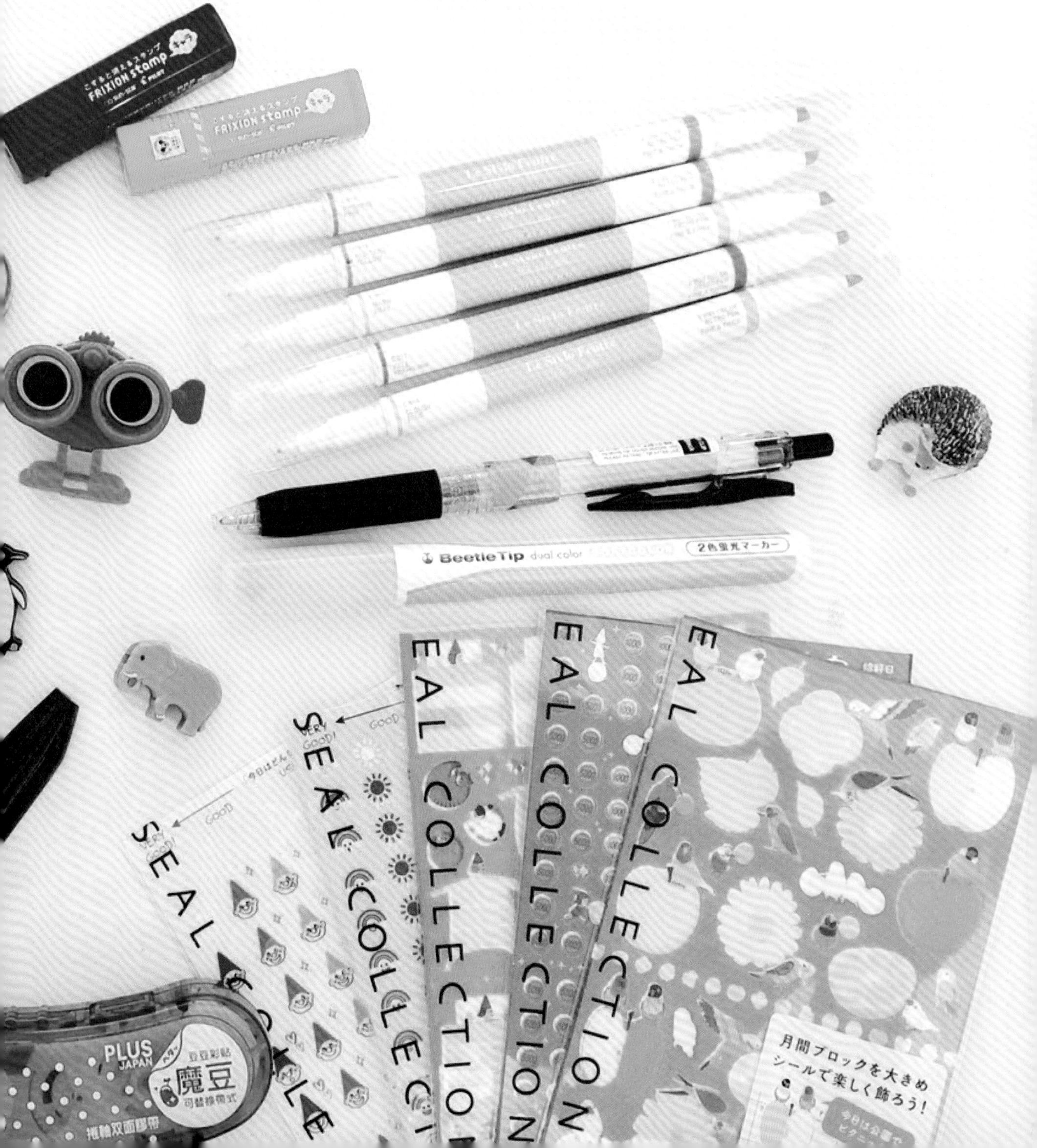

1 療癒用

同事去日本玩帶回來的紀念品，一開始還沒想到能做什麼用途，後來發現寫手帳時夾著超級可愛，拍手帳照片時也非常實用。

2

我平常很少買花邊帶，但像這種單個分開的圖案我就會考慮。如果寫完字發現空白很多，花邊帶就是個好幫手喔！

2
娛樂用

手帳貼紙一直都是寫手帳的好夥伴！因此永遠不嫌多，通通塞進筆記本裡，想用的時候隨時盡情的貼。

KITTA紙膠帶是我看過最棒的文具！不僅圖案多樣化且方便攜帶，跟mt一樣是和紙膠帶，所以可以重複黏貼不殘膠，黏性也很夠。最常拿來貼票根或小紙片。

3 事務用

很愛用柔色系的筆寫班表或標示重點，不會太過突兀也能一目了然，偶爾用來點綴畫個小圖也很棒。

獨角仙柔色螢光筆有兩個顏色，可以依照自己需求選擇，通常我都會在特別重要的地方加強註記讓重點更加明顯。

我的愛用筆絕對是柔繪筆莫屬!用柔繪筆寫出來的字可以很多變。寫手帳時我都用可愛字體去表現。

被塞滿滿的隨身手帳本。（使用手帳為Midori pouch diary）

YuYu

｜番｜外｜篇｜

文具迷的包內中身

外出時包包裡除了已經快爆炸的手帳外，也會跟著帶出門的還有筆袋。
筆袋是從晴空塔阿朗基專賣店購入的，容量不會太大，可以裝進最常使用的幾枝筆，
不至於讓包包太沉重。裡面固定會放柔色螢光筆、黑色柔繪筆、和幾枝備用的油性原子筆。
另外我覺得最重要的就是修正液！比起修正帶我更喜歡修正液，
它可以針對需要修改的範圍小部分塗改即可，不會讓整本手帳到處都是一塊塊白色的痕跡。^___^

Peipei的文具愛用品

買進即刻使用！

About
Peipei

每到一個城市一定想尋找兩個地方：咖啡館和文具店。Instagram 上以 YPC.Journey 分享美食與咖啡繪畫。

Instagram：ypc.journey

喜歡逛文具，
無論美術社、連鎖店、特色獨立或傳統小店……等，
即使在一個小攤只擺放零星文具品也能吸引我的目光，
正因為這樣偶遇
我的第一本 RHODIA 方格筆記本：
14年前飛勤到巴黎在旅館旁雜貨店
看到一小櫃筆類紙品，
一眼愛上這本
不到二歐元上掀式方格本子；
之前因為空服工作的關係
能走訪各個城市逛到不少特色文具用品，
我通常會買實用的商品而不偏好收藏，
所以我的文具愛用品
大部分是一買進即刻使用，
同品項也會添購多款輪替；
近年電商盛行更使得文具用品無國界，
一些限量款、已停產的經典款、
或是稀有品項經常從 eBay、
Amazon 裡尋寶；
國內的購物平台和店家架設的購物網站
更是方便而且還能比價，
不過定期走進文具店
親自挑選才是我最喜歡的採購方式。

我的文具愛用品

1

【RHODIA】偶然一次買到便成為這個品牌的擁護者，旅居法國友人說這本子在當地很普遍類似學生常用的筆記本；2013年到巴黎旅行還特地排了購買RHODIA的行程，幸運的在街邊文具店就輕易看到各式各樣尺寸的RHODIA。而近幾年在亞洲市場也能方便買到而且還推出不少特殊款。我最常使用N° 11（7.4x10.5 cm）的方格本做為隨身攜帶的雜記本。

2

【工程筆/草圖筆】製圖鉛筆和草圖筆是近年大力收藏的筆具，我的繪畫作品都是2.0mm工程鉛筆打稿，其他1.4mm/3.2mm/5.6mm則放彩色筆芯書寫工作日誌或隨筆畫用。綠桿輝柏是高中學制圖時的第一支工程筆，工作後再買第二支同品牌，直到試用了瑞士卡達就喜歡上他霧黑全鋼材穩重手感，接著陸續添購卡達的綠筆桿、限量聯名款黑桿與白桿。德國KAWECO草圖筆握桿短很適合我偏小的手；LAMY abc 3.2mm特意換裝與外觀一樣的紅/藍鉛芯讓書寫塗鴉變得更賞心悅目！

3

【小型削鉛筆器/磨芯器】一開始買進是因為繪畫時用來削色鉛筆方便攜帶，後來也尋找了不少2.0筆芯工程筆專用的磨芯器。削一般鉛筆覺得最好使用的是黃銅削筆器，而工程筆磨芯器則隨廠牌有不同的功能：比如能削出筆尖圓錐的不同長短，我喜歡筆尖稍微細尖所以目前最常使用的是卡達工程筆尾端本身附的筆蓋型磨芯器。

4

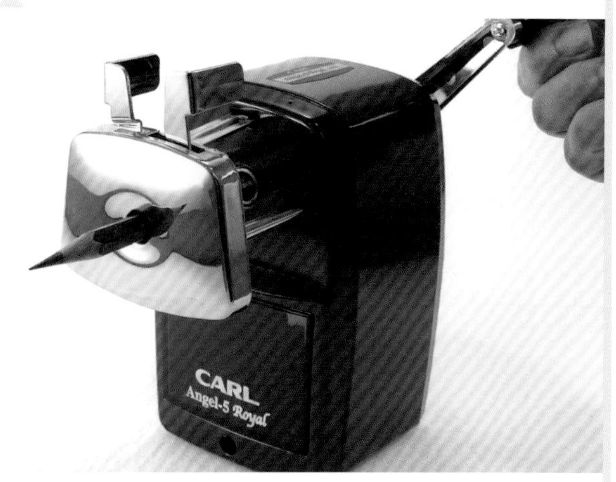

【CARL削鉛筆機】以前學校老師規定色鉛筆一定要用美工刀手削，如此筆芯才能細長好作畫，我手拙總是削不出漂亮均勻的長度。當初看見店家介紹這台日製削鉛筆機能削出筆芯微內縮的漂亮弧形，而且有兩段式調整筆尖長度所以在家削色鉛筆或鉛筆一定使用桌上型這台，每次看見削好的鉛筆都感覺好像是用美工到手削出來的一樣美，只是機器削的更加工整平滑。

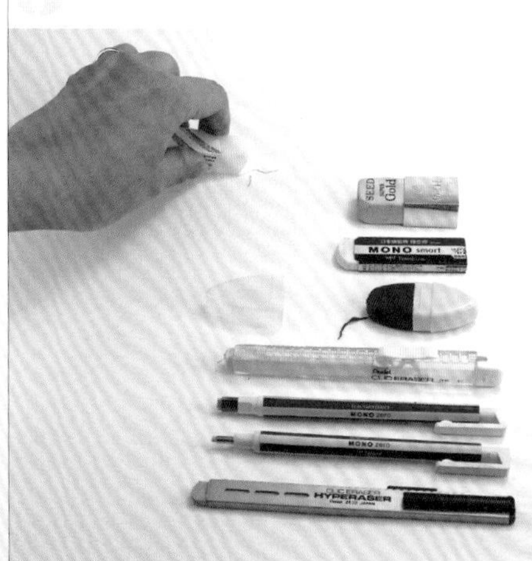

【雙色鉛筆】卡達兩頭紅/藍雙色筆是今年發現的好物，我多用於寫行事曆的待辦事項：藍筆記下該做的事情，完成後用紅筆端劃掉；他是水性色鉛筆，筆芯軟硬適中也很方便我隨筆塗鴉。

雙頭色鉛筆還是小時候看二姊學琴的記憶，她的鋼琴老師都用色筆圈寫音符的強弱，彈錯音時也是拿這種筆敲姊姊的手背。

【橡皮擦】因為工程筆和色鉛筆的用量大，所以橡皮擦的種類也不少，尤其繪畫時我需要三種以上的橡皮擦：能擦乾淨鉛筆打稿用/專門擦色鉛筆的/以及修改畫面時能將紙張纖維破壞用的最粗顆粒款。

【鋼筆】第一支鋼筆是LAMY Safari 2016年推出的紫丁香，在大阪梅田車站的文具店購入，當年從未接觸鋼筆仍是門外漢的我還站在店外想了好久才再入店買下；接著一樣在日本買到白身紅夾的限定款，之後就喜歡上LAMY紅或黑的筆夾(後來才知道在台灣買鋼筆是鄰近亞洲城市中價格最優惠的)；先生有一次從他公司的雜物箱翻出一支絕版的黑身紅夾送我是我最珍貴的收藏！這些鋼筆都對應筆身顏色灌入彩色墨水用來寫手帳或插畫。

KAWECO的鋼筆因為筆身短小好攜帶是我外出筆的優先選擇。

【LAMY abc系列】專為初學寫字兒童設計的鋼筆與鉛筆，也是我最喜愛的系列。現在市面上只能買到第二代的abc鉛筆(差別在於第一代是3.15mm較粗筆芯並且附有可愛的方塊磨芯器/第二代為1.4mm較細筆芯，無磨芯器)，我的第一代abc鉛筆是在eBay上向德國賣家挖寶到紅/藍兩隻，雖然是全新品但寄達時外盒已泛黃破損，不過未塗層的楓木筆身反而因為時間久遠變化成稍深的漂亮蜂蜜色。

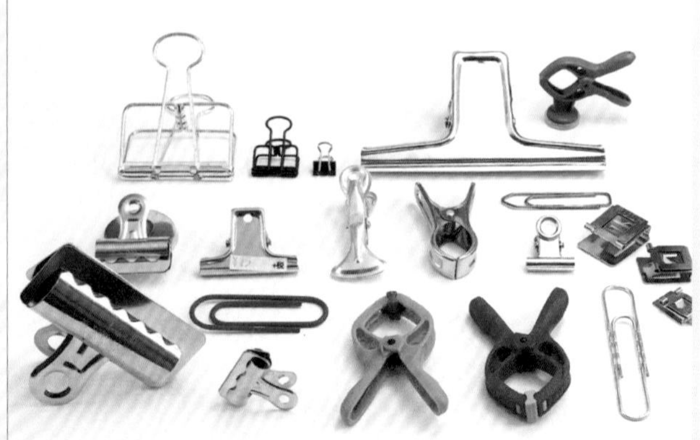

【夾子】習慣把賬單、紙張用夾子分類夾好，也經常將傳遞給家人朋友的文件用小夾子整理好一併送給他們，因此常覺得需要補足備貨，逛文具或美術社時很難不伸手拿幾個放進購物籃！

10

【打字機】小時候曾玩過大姊商業學習用的打字機，英文字體透過色帶敲擊在紙張上的打印很美。這台古董打字機是很久以前先生家經商使用的，電腦列印普及後就被放置在老家角落，去年如獲至寶找到大清潔一翻再從網路買色帶，剛開始鍵盤還時常卡住但使用一段時間後就越打越順暢了。

11

【紙膠帶】日本和紙膠帶一開始盛行時我曾經漫無目地的亂買，直到看見主題性膠帶才以自己喜好收集，比如：城市系列─台灣、香港天星小輪、東京地鐵、和前陣子終於從蝦皮購物尋覓得手的2014 mt紐約展限定五卷。
KOKUYO夾式膠台是用過的切割器中最輕巧方便、膠帶好替換又能撕出漂亮的微型鋸齒狀。

【墨水】十年前在銀座伊東屋因為想搭配日牌平和萬年筆(竹軸玻璃筆尖)誤打誤撞買下我的第一瓶法國珍珠彩墨-巴西可可棕，後來因為插畫和鋼筆灌墨陸續買齊了J.HERBIN彩色墨水，她為每罐墨水顏色的命名也很到位有意境：黑珍珠、咖啡棕、薄荷蘇打綠、茶渣、歌劇紅、雲灰、鏽錨紅、緬甸琥珀…等等。

【繪畫本】在IG分享手繪作品的首本是HOBONICHI每日型手帳本，近幾年大量使用不同廠牌的繪畫、水彩本(尺寸均小於A5)。目前在用的由左上第一本順時針方向依序為:TN+012畫圖紙 / MOLESKINE 週記本 / 義大利品牌FABRIANO — Venezia威尼斯繪畫本200g / MOLESKINE Watercolor Album冷壓處理水彩本。

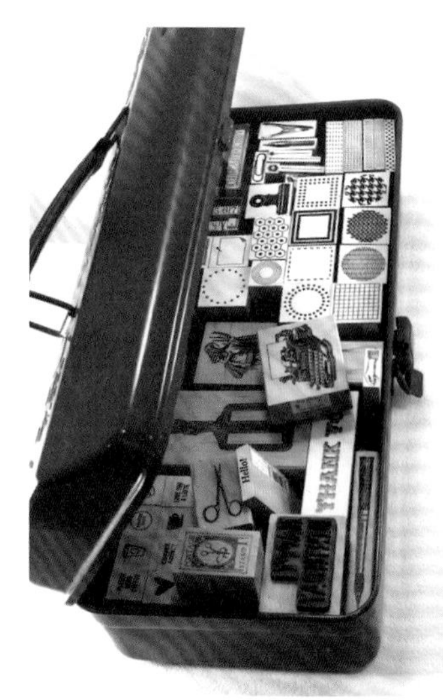

【印章】我的繪畫都會以印章入畫所以大量的印章收集也是我的繪畫工具之一，從一開始特地從日本、美國逐店搜購到現在印章市場漸漸多了許多廠商製作，我也幾乎都從網路商店挑選更好收納的水晶印章(透明軟膠印章)，而這些用TRUSCO工具箱裝滿的木柄印章都是YPC.journey值得紀念的元老繪畫工具。

1
2
3
4
5
5
5
6
6
HAVE A
Nice
TRIP
(APPROX.) 1.2L(40oz.)
200mm X 160mm (7 7/8 in. X 6 5/16 in.)
MINIMAL FEATURES FOR MAXIMUM PROTECTION
AVAILABLE IN SUPERIOR FINISH STRENGTH TO
PROVIDE PROTECTION FROM DUST , WATER , DAMAGES AND OIL.
HEAT RESISTANT 100°C(1min.)
THIS PVC TARPAULIN GARMENT
CAN BE CLEANED WITH WARM WATER AND MILD SOAP.
DO NOT USE ANY SOLVENTS, ALCOHOL OR ACID CLEANING AGENTS
ref : 4988342
HIGHTIDE
SL-12

Peipei

|番|外|篇|

文具迷的包內中身

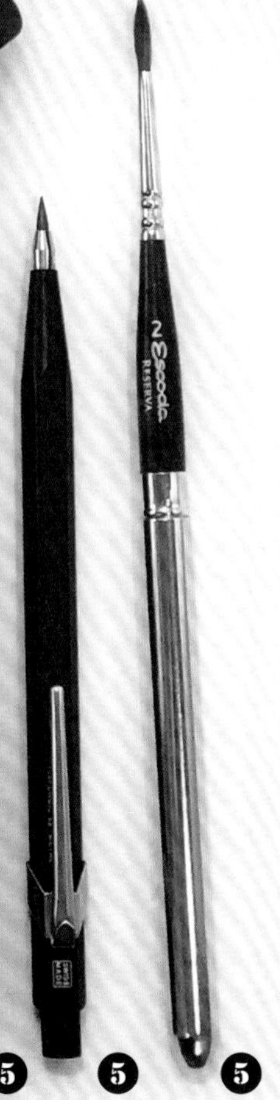

❶ **剪刀**：隨身攜帶一把迷你的小剪刀是我包包裡的必備，但搭飛機前一定要記得拿起來免得被沒收！

❷ **筆記本**：隨手記的本子，以TN PA本或RHODIA N° 11兩本替換。

❸ **繪畫本**：旅遊時才會多帶的繪畫本。

❹ **12色塊狀水彩盒**：12色琺瑯小盒在大阪美術社買的，很適合外出攜帶。

❺ **工程筆／鋼筆／水彩筆／0.05防水代針筆／筆形橡皮擦**：通常帶出門的筆具類我會隨時替換，除了能盡量用到每一支筆，也能讓本子裡有不同的色彩。

❻ **皮尺／直尺**：這個皮尺使用了將近12年，直到現在依然經常用到（尤其買東西時需要對照尺寸大小）。

黑女

黑女的愛用品

文具就是思考的延長

手指延長成了筆，大腦延長成了筆記本，於是一切可以被安置被記錄，被確實留存下來。此一過程不可有任何遺漏、遲滯，因此必須慎選使用的文具。大部分人生在辦公室度過的工作狂如我，從不使用公司配給的文具。承受不起寫下瞬間才發現斷水、筆芯寫起來不夠滑順流暢、顏色不夠鮮明……種種不完美對於轉瞬即逝的靈感帶來的損耗。

符合生產效率的關鍵詞包括規格化、統一化，囤積是一種病，抽屜裡面不可沒有慣用什物的備品，半打是基本配備。空白的紙面、未削的鉛筆、嶄新的橡皮混合出一種文具店的氣味，秩序森然繁星羅列，工作時彷彿成為宇宙的中心，書寫剪貼歸檔成冊，系統運轉的日常，每一項都是不可或缺。

就在尋常的每一日當中，它們被損耗、被使用、留下細微痕跡。

About

黑女

妄想擁有自由的靈魂，因此書桌永遠是亂的。一不留神就會發生地層變動，太古的記憶由是被喚起。堆疊筆記本紙張各種箱盒書寫工具，彷彿囤積無數珍貴而蒙塵的時光片段。近日打電動的時間比寫手帳的時間還要來得更長一點。

黑女

1

工作用

1

Maruman的Croquis SQ方型大小令人上癮，整理會議紀錄之餘紙質還能在無聊時用來塗鴉，搭配Pilot的Frixion四色魔擦筆、螢光筆和Tombow PLAY COLOR2彩色筆，會議中同步完成重點整理。

2

沒有什麼比得上使用鉛筆記下思考過程。沙沙地書寫畫圈、石墨磨擦紙張纖維，需要感受手搖式削鉛筆機旋轉削尖的瞬間，彷彿思緒也那樣變得鋒銳了。

CARL Angel-5 premium
削鉛筆機

uni uni-star 鉛筆
hi-uni 鉛筆
赤青鉛筆

黏貼申請文件、帳單，需要的包括不沾黏的足勇剪刀、便於置放案頭的A5切割墊，還有長達20公尺的PLUS雙面膠，FUEKI口紅膠強黏滑順，有效提高作業效能。

不喜歡美系便利貼閃亮的顏色，粉彩系的Cocofusen於是成了最佳解。可撕貼背膠能單獨取下黏貼於電腦、筆記中，搭配油性筆是標記重點不可或缺。

3 圖畫日記用

Copic繪圖筆有著鋼筆式的筆頭，筆觸雖然細緻卻不卡紙，久不使用也不會乾涸，淡茶色的墨色同時防水，搭配水筆及塊狀水彩就能暢快畫遍旅途。

Ace Hotel原本的配置是原子筆，不過因為喜歡鉛筆寫感，改裝鉛筆。和Staedtler的超濃6B搭配畫圖時，會需要Tombow專擦濃厚墨色的ippo橡皮輔助。

黑女

|番|外|篇|

文具迷的包內中身

經過幾年的斷捨離，包之中身終於減量，手機綑綁了大部分的工作，
也因此讓紙本得以帶有私生活感，平日只帶 SAKURA 的按壓式中性筆，
濃咖啡色搭配測量野帳隨身筆記，堪稱觀測人生的絕佳組合。
假日則把工作用 HOBO WEEKS 帶回家，只用黑色 0.38 記錄每日工作事項，
寫完了就劃掉，達成感滿分。

Burberry 後背包

SAKURA Ball sign knock 咖啡色中性筆＋測量野帳

HOBO日 WEEKS＋FRIXION BALL BIZ（黑色 0.3 筆芯）

Denya的愛用品

新舊不斷交替

對於文具熱愛者來說，文具用品只會無限制地不斷增加，實在不可能停留在某樣商品上！但總有一些文具，能夠讓人願意不斷補貨，一用再用。我是一個非常熱愛買新文具的人，總用買的比用的多，我想大部分的讀者都是這種類型的人（笑），不過還是有一些文具是我心中無法取代的愛用文具。

About
Denya

逛文具店比逛市場多，買文具比買菜頻繁，秉持著「愛文具的孩子不會變壞」的教育理念陪伴小孩長大的全職主婦。

典雅文具舖：www.denya-sw.tw

以下是一些我覺得不錯，有些是經典，有些是新品，
但都是我覺得好用順手的愛用品文具們。

Pentel sign pen

若真要說，Pentel sign pen是直到日本郵局推出白色限定款後，我才真正把sign pen列入愛用品系列中。在日本雜誌中很多文具訪談，會看到不少人將sign pen列為必收的經典文具，雖然台灣利百代和雄獅都有推出類似的筆款，但在我心中還是Pentel的sign pen最好用，出水適中，筆跡不易模糊，設計經典，從1963年開始到現在幾乎沒有變過，非常耐看。一開始只有推出黑、藍、紅、綠四色，到近期才又增加了更鮮豔的四色。不過以實用度來說，因為這是水性的，使用頻率不及Zebra的マッキー，因為通常我都用這一類型的筆拿來簽信用卡的簽名欄或是書寫包裹寄送資訊，水性的容易糊，油性比較牢靠。所以現在買彩色版的sign pen居多，黑色的反而不常用了。包裝是單支塑膠袋的，我個人非常迷戀這種包裝，有一種絕對會買的全新的筆，不會被別人試寫或是開封，所以加分。

Pentel sign pen 熱愛彩色版，白色筆桿是日本郵局限定版，內芯依舊是黑色。

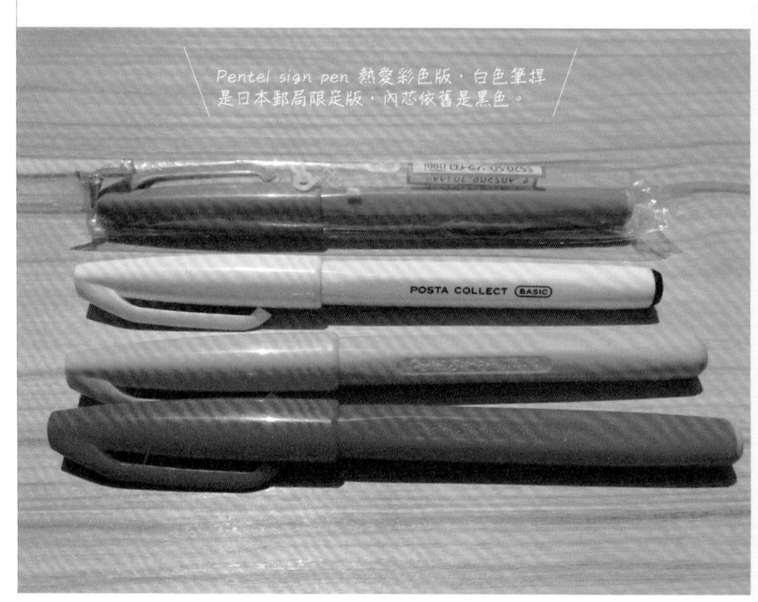

Pentel sign pen 筆跡不易糊，經典中的經典，塑膠袋單支包裝是令我著迷的重點，用來標記重點很好用，不易透紙。

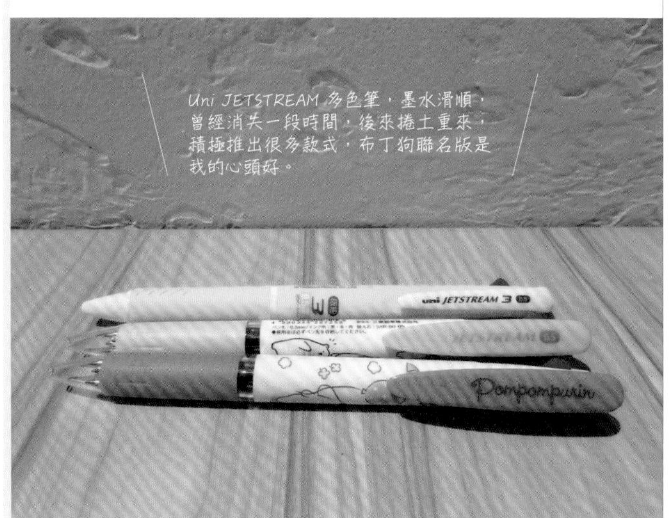

Uni JETSTREAM 多色筆，墨水滑順，曾經消失一段時間，後來捲土重來，積極推出很多款式，布丁狗聯名版是我的心頭好。

Uni JETSTREAM

中性筆我首推JETSTREAM（溜溜筆），滑順，出色濃密，在我心中這是第一名。發售之後，曾經消失一段時間，在去年的時候開始瘋狂推出聯名款，限定色，新筆桿，墨水的表現更優秀，快乾且字跡清晰，後來積極推出的新款式都很可愛，所以又重新回到我的愛用筆中，去年推出的觸控兩用筆超級好用，觸控頭非常精準，搭配JETSTREAM的書寫用筆簡直如虎添翼，完全沒有缺點，一改過去觸控兩用筆給人原子筆都不好用的壞印象。

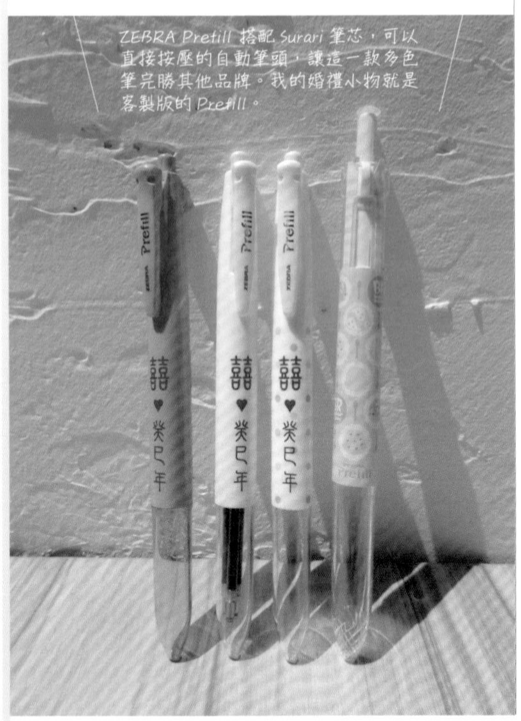

ZEBRA Prefill 搭配 Surari 筆芯，可以直接按壓的自動筆頭，讓這一款多色筆完勝其他品牌。我的婚禮小物就是客製版的 Prefill。

3

Zebra Prefill

多色筆一開始的天下，應該是uni的STYLE FIT，後來各家品牌都紛紛推出多色筆，但是Zebra的Prefill卻深深擄獲我心，後來還成為我的婚禮小物，深究其原因，應該是當初推出的時候，可以直接按壓的自動鉛筆頭設計很吸引人，而且當時Zebra的Surari墨水取代了暫時消失的JETSTREAM，所以很快STYLE FIT就被我暫時淘汰了（不過後來因為STYLE FIT推出布丁狗聯名，就又回到我的筆袋中了）。Prefill搭載的筆芯都是Zebra的知名墨水（每一家都是吧…哈哈），SARASA是它們最有名的彩色中性筆，選擇很多，出色穩定，顏色選擇也多，我推薦的Surari墨水也有很多種顏色可選，不像它牌油性墨水只會開發固定使用的黑藍紅綠色！Prefill的筆桿也不會只限定迪士尼系列，會有很多有趣的品牌聯名，像是攝影大師蜷川實花、Mister Donuts、31冰淇淋或是不二家等…有別於其他品牌都喜歡迪士尼系的聯名，Prefill的筆桿設計顯得有誠意許多，比較特別，可惜這一兩年有點後繼無力，都沒有讓人覺得很驚豔的新筆桿設計了！

4

Zebra マッキー極細雙頭筆油性

油性筆是一種好像覺得不常用，但其實超方便的筆款！大部分的人對於マッキー比較常購入的是水性款，可是我個人偏愛油性款！其中也曾經變心買其他品牌的雙頭油性筆，但用起來的舒適度和耐用度，就是沒有マッキー來得好。我覺得最大的差別是筆頭的材質，マッキー的筆頭很堅硬，不容易開花，所以寫起來的筆跡清楚，無論是細字頭或是極細頭都很優異，它牌的油性筆很容易寫一寫就開花，然後寫出來的字就整個糊在一起，很難辨識，マッキー完全沒有這種問題！最近還推出可以替換墨水的版本，也很方便。マッキー還有一個吸引我的地方，和sign pen一樣，就是油性筆是用塑膠套單支包起來的，我對這種包裝的筆具非常沒有抵抗力，而且不是收縮膜包裝，就是要一個小袋子裝著的感覺，就是覺得精緻！有時還會有限定版設計，也是很吸引人。

マッキー極細雙頭筆：我個人偏好油性款，偶而也有聯名款，放在筆袋中拿來寫包裹或是簽信用卡，很實用，快乾無臭，是我一直回購的必備款。

TOMBOW筆型膠

在過去隨身文具還沒有很盛行的時候，TOMBOW筆型膠簡直是劃世紀的創意文具！輕巧的筆型造型，方便攜帶，放在鉛筆袋或是包包裡也不會覺得很礙事；淺藍色的膠體，方便判斷要黏著的地方，不會不小心黏到太大的範圍，或是該黏的地方沒黏到；筆蓋式防乾，保護膠體不會乾掉或是沾到其他的文具用品；可替換式內膠匣，內膠匣的容量沒有很多，但是替換非常方便，幾乎是不沾手就可以替換；黏度佳，寬窄適中，雖然現在市面上有很多修正帶式的黏貼工具，對於喜歡口紅膠體的人來說，TOMBOW筆型膠絕對值得一試。不過現在又變得不太容易買到，單價不高，但是要上網尋找一下販售地點了。

卡達849原子筆：經典的六角筆身，不易滾動，質感精緻，是藝術品等級的文具，刻上自己的名字的Nespresso聯名款，對我有非常重要的意義。

卡達CARAN d'ACHE 849原子筆

卡達的849原子筆是一個經典，不變的六角外型，安靜準確的按壓頭，滑順的書寫感，永不退流行的設計感，是卡達849原子筆吸引我的地方。慣用日系中性筆墨水的人，可能會覺得卡達的墨水不夠深，但是卡達的Goliath墨水匣能夠書寫600張A4紙張的容量，對於不希望墨水太快用完的人來說，非常耐用！以前卡達曾一度退出台灣市場時，我在文具店裡撿到幾支清倉的849原子筆，是巧克力圖樣和起士圖樣的，以現在的眼光來看，也算是是非常俏皮可愛的設計。現在的849則是有更多故事和設計感融入其中，最近推出的Nespresso聯名款，就是使用回收膠囊的鋁質製作，除了設計更多了環保意識在其中，優雅的蒼藍色非常有氣質；前陣子的誠品聯名也非常適合文具控收藏，湖水綠的筆身，搭配文具的圖樣，是每個文具愛好者都一定要購入的一品；其他還有卡達百年紀念還有金色筆桿，都是我心頭好。卡達849原子筆之於我，除了實用，更具有收藏品的存在意義。

Denya

SKB 祕書原子筆：復古的筆身，超級濃密好寫的墨水，CP 值極高。近年有很多復刻版和聯名款，都非常值得入手。

測量野帳（照片可看排版增減）：輕薄好寫的小綠本，使用者可以自行發揮創意，設計屬於自己的封面，也可以選擇聯名款或是限定色版本，很快就寫完，非常有成就感的隨身筆記本。

KOKUYO 測量野帳

這本小綠本是我這一兩年的心頭好，1959年上市的測量野帳，輕薄堅固的裝訂，讓使用者可以隨身攜帶，隨時書寫，硬挺的外皮設計，讓在戶外進行測量工作的工程師或是作業人員，就算沒有桌面，也能輕鬆書寫，這也是測量野帳的開發初衷。推薦它的原因在於，對於筆記本從來沒有用完的我來說，測量野帳大概是唯一我有進入第二、第三本的筆記本（雖然有一半是被小孩拿去畫畫了）⋯因為它一本的頁數只有40張，讓人很有寫完的成就感。測量野帳的基本款有三本，分別是LEVEL，TRANSIT和SKETCH BOOK，大家比較常見的是SKETCH BOOK這一本，我也最愛用這一本，內頁說穿了就是淺藍色方格內頁，紙張滑順，摸起來的手感很好，各式筆款在上面書寫的滑順度也很順暢。市面上有很多限定款和限定色，最近入手的是2018 KOKUYO博的限定款，不變的綠色封皮搭配限定的燙金圖樣設計，收集這一類的測量野帳，也是一種樂趣。當然偶而也有一些限定色的封皮，像是我最愛的芒果黃還有白色、紅色，KOKUYO博的粉紅色等，都會激起收藏的欲望。有空時不妨上網搜尋看看，會發現很多限定設計的測量野帳，或是看看測量野帳的專書「測量野帳スタイルブック（趣味の文具箱編集部）」，會發現很多有趣的使用方法，說不定會讓自己有更多靈感，更有創意地使用測量野帳。唯一美中不足的地方是，台灣能夠買到的價格都不太親民，讓人覺得有點難入手啊！

SKB 祕書原子筆

台灣本土品牌SKB的祕書原子筆復刻以來，幾乎成為在地聯名的最佳選擇，像是臺大出版中心，雜誌小日子和許多獨立文具店，都不約而同的和SKB祕書原子筆做聯名。超級復古的設計，本來覺得略顯土氣的筆桿造型，也在現今流行文青，在地文創的風潮下，意外地也時尚起來。不過，如果只是因為這樣就推薦，也太小看SKB祕書原子筆了！這一款的墨水非常滑順，色澤濃密，如果你和我一樣是個對濃色墨水有偏好的人，絕對會喜歡它，無論是黑色或是藍色，墨色上的表現都很飽和扎實。單價親民（一支平均NT$20），好入手，雖然偶而筆尖會積墨，可是這不就是復古筆具最珍貴的一部分嘛？！以前念書的時候，總是要在桌上放一張摺疊過的衛生紙，就是為了擦拭書寫一段文字之後的積墨。雖然感覺像是個瑕疵，但若是真的少了這一段，似乎也就沒有那麼完美了。現在SKB祕書原子筆也順勢推出了不少新色筆桿，顏色都非常的漂亮，絕對值得入手！可謂是CP值極高的一款日常文具。（但是為什麼珊瑚紅的筆桿，還是搭配黑芯啊？！真是令人困擾。）

KIKKERLAND鱷魚剪刀

我必須承認，這支剪刀，是因為外型吸引我！！絕對不是它有多厲害！筆型剪刀那麼多，非常精緻和美麗可愛的也不在少數，偏偏這支鱷魚剪刀雀屏中選，它的卡榫不是很精緻，所以蓋子和本體有點鬆，也沒有強調人體工學，沒有安全裝置，有的就是⋯很可愛而已！如果想要買正宗的攜帶型剪刀，那還是選擇始祖sunstar的stickyle或是後起之秀PLUS Twiggy好了！

KIKKERLAND 鱷魚剪刀：超級可愛的選擇，雖然蓋子有點鬆，也沒有安全裝置，但是造型勝過千言萬語。

Denya

｜番｜外｜篇｜

文具迷的包內中身

生了小孩之後，隨身包包的空間都被小孩的東西佔據，連文具都被迫變少了！
使用的包包是 Lepsortsac Voyage 背包，隨身攜帶文具則有 Kipling 香蕉筆袋
（裡面文具統一是黃白系列），LV 手帳本，Hermes 手帳本，
隨手書寫用的測量野帳。

Part 3

文具迷必須注目

日本最大紙類博覽會「紙博 Paper Expo」

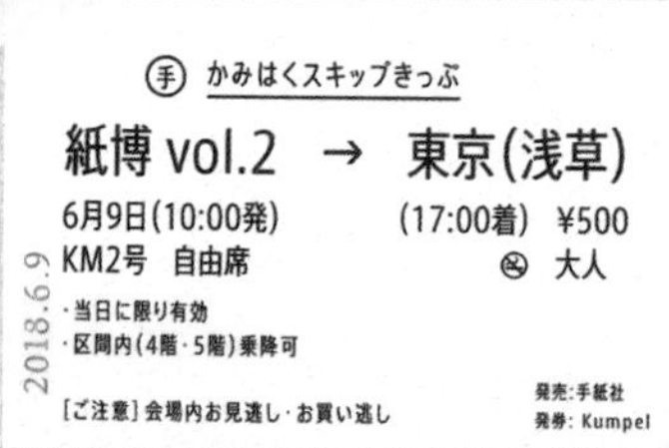

原來「紙類」也能辦博覽會。那是要博覽些什麼呢？難道是將不同材質的紙一張張鋪滿展場嗎？實際走訪一趟，才知道原來「紙博 Paper Expo」是將紙的各種運用聚集在一起的「紙祭典」，不僅有豐富的紙素材，精彩的紙創作，還有創意滿點的紙用品，顛覆你對紙的刻板印象。

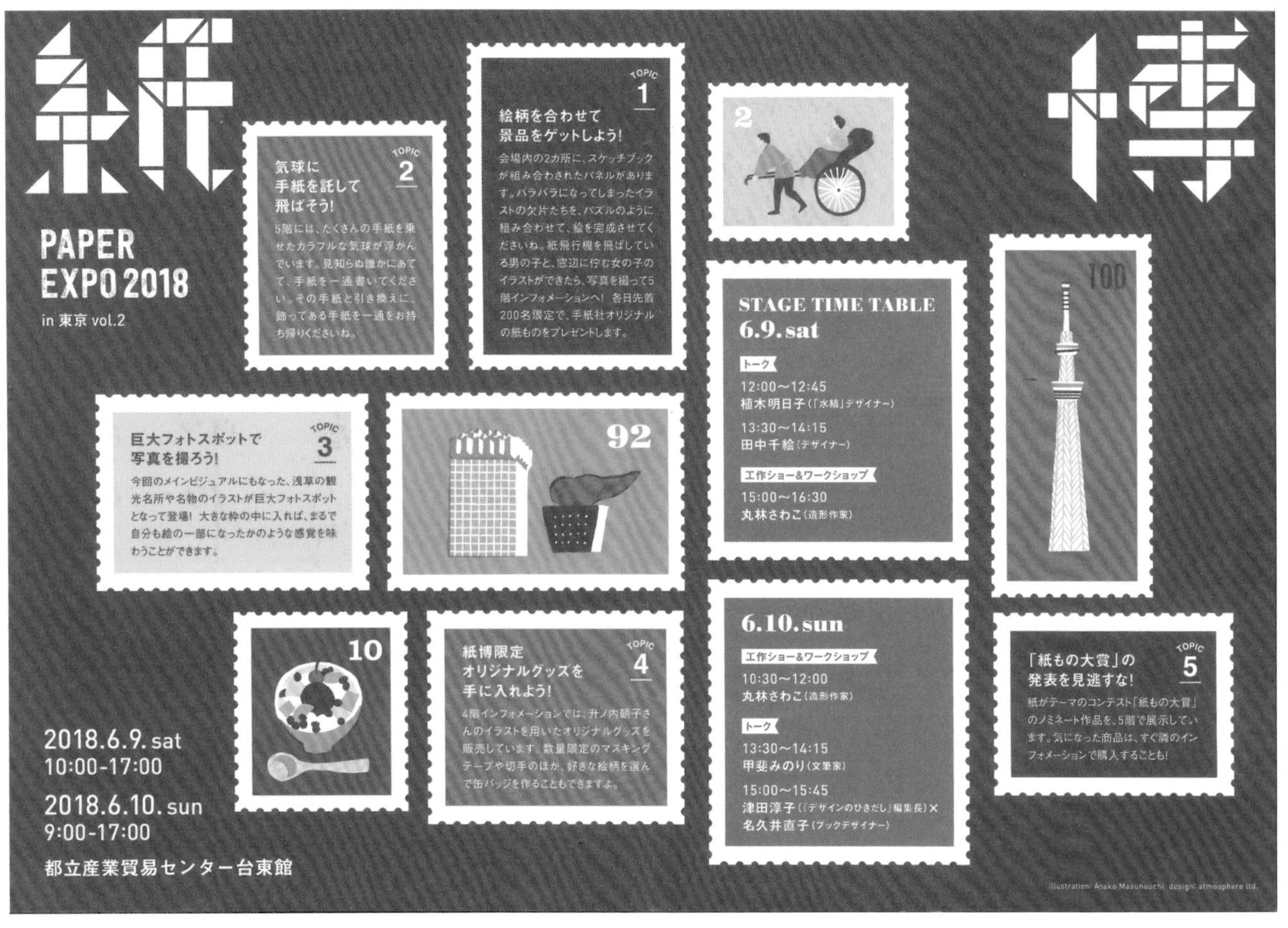

About

Karei Hou

出版與企劃從業人員，生活道具與文具雜貨的偏食症患者，長期被「日常美的生活模式」所召喚。當漫遊者的經歷，比當旅遊者更嫻熟；當讀者的經歷也比當編輯更豐富。

Blog: http://mypacemyspace90.blogspot.com/

展場內有許多小巧思，如以淺草寺為背景的拍照打卡區「Photo spot」，讓人可化身為郵票主角。

「紙博 Paper Expo」盛大開展

「紙博 Paper Expo」是由在日本擁有極高人氣的「手紙社」主辦，去年（2017）首次在京都開辦，短短兩天內就吸引了 1 萬人前往現場，今年 6 月移師東京並擴大規模舉辦第二屆，光是參展攤位數就比首屆多上了一倍，包含以紙為創作媒材的插畫家、製作紙類雜貨的創作者、老字號的活版印刷廠及知名的文具製造商、生活雜貨店、文具選品店等，讓你在「紙博 Paper Expo」能看到關於紙，最傳統的技法與最創新的運用。

場內的參展店家，大致上可分為三大類別。第一類是最具知名度的「經典文具」、第二類是以紙素材為主的「圖文創作」、第三類是將紙材延伸使用的「創新運用」。此外，現場還有各種可親自參與實作體驗的工作坊。

1 「月光莊畫材店」，插畫家、設計師、建築師的首選。
2 在台灣大受歡迎的「Kakimori 文房具」。
3 深受日本人喜愛，被稱為日本國民品牌的「燕子筆記本」。

文具迷最愛「經典不敗文具」

展場分成兩個樓層，共 91 個攤位，第一層樓的入口處，是以紙張拼貼出的「紙博 Paper Expo」主題意象，第二層樓則是掛著滿滿的紙飛機，傳遞出透過紙張就能飛往任何地方的概念。

首先，就先帶文具迷們來看「經典文具」吧！被稱為日本國民品牌的「燕子筆記本（Tsubame Note）」創立於昭和 22 年（1947），封面簡約，內頁紙質滑順細緻，至今仍深受許多日本人喜愛，甚至許多名人都是該品牌的愛用者。

超過百年歷史的「月光莊畫材店」是日本最早的西洋畫材商、也是最先推出日本自製油畫顏料的公司，從水彩、顏料、畫具到自製的素描筆記本，是許多插畫家、設計師、建築師展現專業與質感品味的首選。

近年來在台灣大受歡迎的「Kakimori 文房具」也沒缺席，其最熱門的「訂製款筆記本」更是直接搬到展場，從封面圖案、內頁到裝訂等通通都能在現場為你客製化。此外，今年台灣許多文具選品店如「直物生活文具」、「PAPERWORK 紙本作業」也受邀參展，算是台灣文創揚名海外的代表之一 。

各異其趣的「圖文創作」

第二類「圖文創作」也是攤位數最多的一類，在插畫家、設計師、手作達人們的巧思加持下，平凡的紙張瞬間展現出各異其趣的風格特色。像是將日常事物轉化成紙創意的「papermessage」，無論是可自由搭配紙餡料的「三明治卡片」，還是可組合成生活擺飾的「紙花朵」和「紙花瓶小卡」都讓人直呼「かわいい（卡哇依）」，並在攤位前驚呼連連。

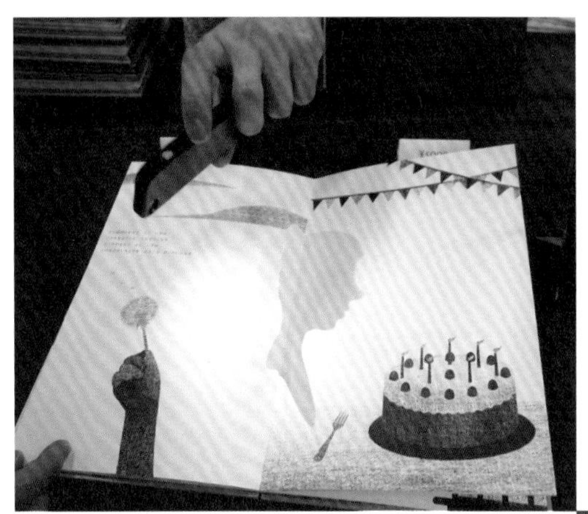

擅長透過紙張和光影變化進行創作的「Silhouette Books」，以立體剪裁所製作出的繪本「MOTION SILHOUETTE」，可透過光影的投射推演故事；以及採用鏤空技法所製作的賀卡，只要將賀卡放在光源前方，就能創造出令人驚喜的效果。

結合活版技術和插畫設計的「AUI-AŌ Desig 」，所製作出的「火車杯墊（Train Coaster）」，既可以單獨使用，也可以互相搭配組合出不同的鐵道風景。

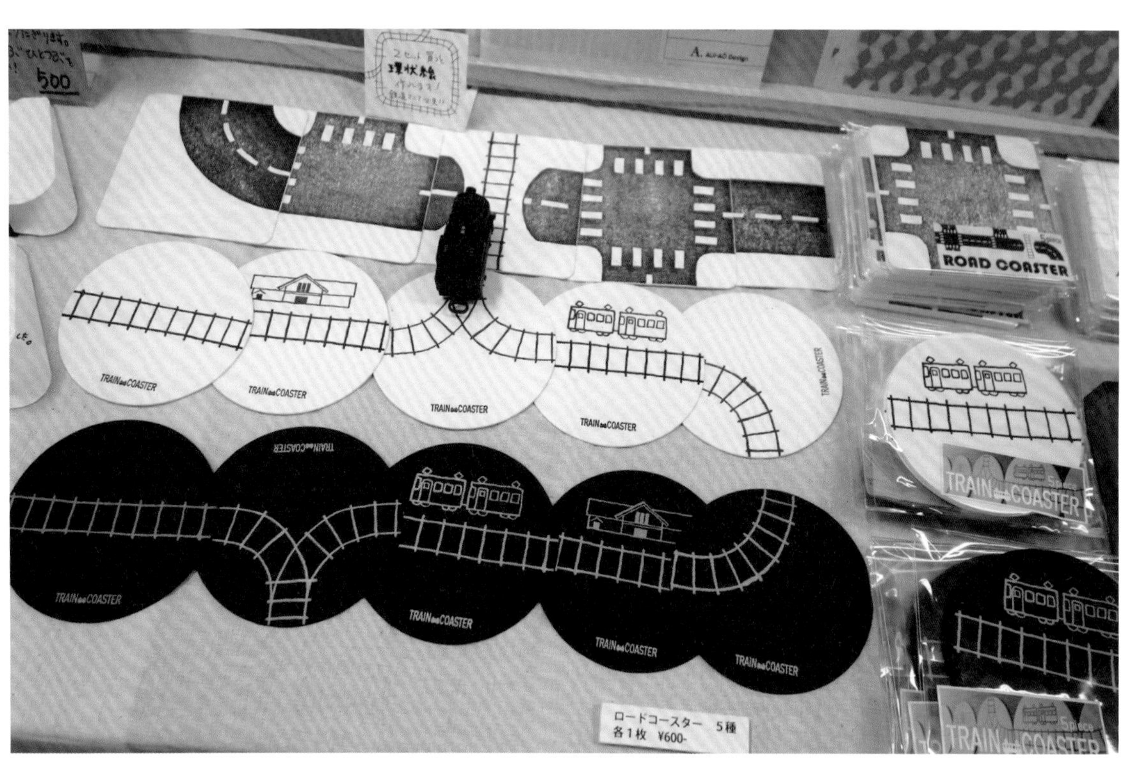

顛覆傳統的「創新運用」

令人耳目一新的第三類「創新運用」中，最特別就是「西荻 Papertry」所研發出的「紙製咖啡濾杯」，共有三種不同的造型，可透過紙製濾杯的不同渦旋紋路，創造不同的熱水流速，藉以萃取出咖啡的鮮明層次感與展現豆子的不同特性。

如果你以為「紙」只能靜態的成為文具或載具，那「Papernica」肯定能出乎你的想像，他們以類似手風琴原理所打造的紙樂器，讓每個大人小孩都玩得愛不釋手，幾乎成為展場中最熱鬧的一攤。

動手做出我的專屬款

如果逛完展場還有時間，也可以選擇去參加期間限定的 Workshop，如「啟文社印刷」推出的「活版印刷體驗」，以圓盤印刷機現場印壓出自己繪製的插圖與姓名；或「山本紙業」特別企劃的「手作便條本」，可依個人喜好選擇便條紙的顏色與厚度，做出一本有自己風格的便條本；也可到以摺紙商品為主的「abeyui」，和小朋友一起動手玩造型摺紙。

「紙博 Paper Expo」的人潮一波接著一波湧入，商品也更陸陸續續被貼上「售完」字樣。

又或是可到掛滿熱氣球的區域，參加「寫信給陌生人」的活動，把想說的話寫在現場提供的小卡上，再隨意放入熱氣球下方的吊籃，就像是瓶中信一樣，隨機交換一份遠方陌生人的訊息，或許能碰撞出什麼神祕的啟發。

建議明年想要衝一波的文具迷們，記得提早準備入場，否則依照今年的熱門程度，太晚進場的人恐怕會看到各式各樣不同的紙材寫著「完售」的字樣。

bon matin 114

文具手帖【偶爾相見特刊4】
手帳好麻吉「日付」×經典文具愛用品

作　　者　Denya、Patrick、柑仔、庫巴、黑女、漢克等
社　　長　張瑩瑩
總 編 輯　蔡麗真
美術編輯　MISHA・林佩樺
封面設計　倪旻鋒

責任編輯　莊麗娜
行銷企畫　林麗紅

讀書共和國出版集團　社　　長　郭重興
發行人兼出版總監　曾大福
出　　版　野人文化股份有限公司
發　　行　遠足文化事業股份有限公司
地址：231新北市新店區民權路108-2號9樓
電話：（02）2218-1417　傳真：（02）86671065
電子信箱：service@bookrep.com.tw
網址：www.bookrep.com.tw
郵撥帳號：19504465遠足文化事業股份有限公司
客服專線：0800-221-029
法律顧問　華洋法律事務所　蘇文生律師
印　　製　凱林彩印股份有限公司
初　　版　2018年09月27日

歡迎團體訂購，另有優惠，請洽業務部（02）22181417分機1124、1135

國家圖書館出版品預行編目（CIP）資料

文具手帖【偶爾相見特刊4】手帳好麻吉「日付」×經典文具愛用品 / Denya等著. -- 初版. -- 新北市 : 野人文化出版 : 遠足文化發行, 2018.10
面；　公分. -- (bon matin ; 114)

ISBN 978-986-384-308-5(平裝)

1.文具

479.9　　107015454

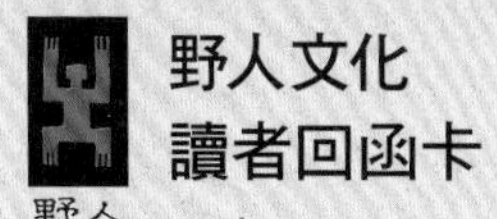

感謝您購買《文具手帖【偶爾相見特刊4】手帳好麻吉「日付」× 經典文具愛用品》

姓　名　　　　　　　　　　□女　□男　　年齡

地　址

電　話　　　　　　　　手機

Email

學　歷　□國中(含以下)□高中職　□大專　□研究所以上
職　業　□生產/製造　□金融/商業　□傳播/廣告　□軍警/公務員
□教育/文化　□旅遊/運輸　□醫療/保健　□仲介/服務
□學生　□自由/家管　□其他

◆你從何處知道此書？
□書店　□書訊　□書評　□報紙　□廣播　□電視　□網路
□廣告DM　□親友介紹　□其他

◆您在哪裡買到本書？
□誠品書店　□誠品網路書店　□金石堂書店　□金石堂網路書店
□博客來網路書店　□其他____________________

◆你的閱讀習慣：
□親子教養　□文學　□翻譯小說　□日文小說　□華文小說　□藝術設計
□人文社科　□自然科學　□商業理財　□宗教哲學　□心理勵志
□休閒生活（旅遊、瘦身、美容、園藝等）　□手工藝／DIY　□飲食／食譜
□健康養生　□兩性　□圖文書／漫畫　□其他

◆你對本書的評價：（請填代號，1. 非常滿意　2. 滿意　3. 尚可　4. 待改進）
書名_____封面設計_____版面編排_____印刷_____內容_____
整體評價_____

◆希望我們為您增加什麼樣的內容：

◆你對本書的建議：

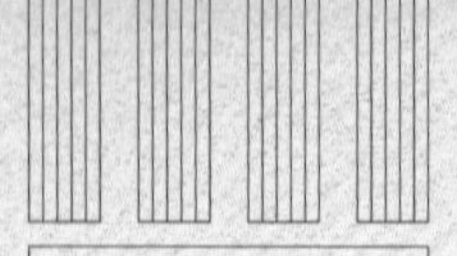

廣　告　回　函
板橋郵政管理局登記證
板橋廣字第143號

郵資已付　免貼郵票

23141
新北市新店區民權路108-2號9樓
野人文化股份有限公司 收

請沿線撕下對折寄回

書名：文具手帖【偶爾相見特刊4】手帳好麻吉「日付」×經典文具愛用品

書號：bon matin 114

1 loafers
2 red leaves
3 Train tickets
S'mores 4
5 silk scarf
6 ginkgo leaf
Chestnut 7
lipsticks 8
9 taxi
10 beanie
11 Suede boots
pine cone 12
13 blush
14 Chocolate
Candied apple 15
Striped tee
17 Suitcase
18 Camera
19 METRO
20 sunglasses
21 persimmons
22 pumpkin pie
passport
PASSPORT
nail polish 24
hot coffee 25
26 handbag
27 felt hat
28 knitting
29 portobello
30 hot tea
31 perfume
Miss Dior
Autumn Holidays
ig @ conniegg316 fb @ atelierreves

謝謝你喜歡我的創作！ :D
發文的時候也請標記 #漢克日付 #Hanksdiary
讓我看看你們怎麼使用日付吧！(揮手

Design By HANK
Facebook / instagram: HanksDiary
booth.ours.tw

01
02
03
04
05
06
07
08
09
10
11
12
13
14
15
16
17
18
20
19
21
22
23
25
24
28
31
26
27
29
30
動物男子
動物女子
Design By Koopa
Facebook: Woodydiary
instagram: Bearkoopa
Booth.ours.tw

設計：Belle Shieh

創作主題：特別的日子

Instagram：belleshieh